星 系

〔荷〕霍弗特·席林（Govert Schilling）著

庄仲华 译　　齐 锐 审

北京科学技术出版社

前 言

找一枚大头针，有顶珠的那种。然后，在某个繁星满天的夜晚，带着它来到户外，伸直胳膊，用一只眼睛顺着大头针顶珠的方向凝视夜空。那被顶珠遮住的、小小的一片夜空，是我们穷尽想象也难以企及的宇宙深处，那里有成千上万的河外星系，每一个都可以媲美我们的银河系——它们都是由几百亿乃至上千亿颗恒星组成的无比庞大的天体系统。

神学家们喜欢喋喋不休地争论针尖上究竟能站立多少天使，天文学家们则致力于揭开客观世界的真相，他们要探究被大头针顶珠遮住的那片星空中隐藏着多少星系。

在人类目前可观测到的宇宙①中，星系级的天体系统至少有上万亿个，总共包含至少 10^{22} 颗像太阳一样的恒星——这一数字大约相当于地球沙漠总沙砾数的 100 倍。如果说恒星是宇宙中的居民，那么星系就是宇宙中的村落或城市——它们中既有小小的、形态不规则的矮星系，也有庞大的旋涡星系和椭圆星系。就像人口并非均匀地分布于地球表面一样，这些宇宙城市和村落也是不均匀分布的，它们形成星系团或超星系团，后者是宇宙三维结构中级别最高的天体系统。

星系是宇宙的基本组成单位。它们体积庞大、数量众多、意义非凡，但直到一百年前，人类还没有认识到它们的存在。以前的天文学家曾经在夜空中发现过许多小而朦胧的光斑，但这些光斑的本质是什么，没有人知晓。许多天文学家曾认为，它们是正在形成的恒星，或是旋转于银河系里的气体星云。而银河系的旋涡结构，直到 20 世纪中叶才被确定。可以说，几千年来，人类对宇宙的认知一直处于非常低的水平，对地球以外的浩瀚世界根本无从想象。直至最近的一百年，人类才把目光投向苍穹深处。天文学家们探索出了我们居住的这座宇宙城市的结构，并开始去认识城市中其他的宇宙居民，描绘同属银河系的那些遥远恒星的生命历程。现在，人类已经认识到，宇宙中不止有我们的家园星系——银河系，在广袤到难以想象的时空里，还存在着其他各种各样的星系。

---

① 可观测宇宙又称"哈勃体积"，指一个以观测者为中心、足以让观测者观测到该范围内所有物体的球体空间，也就是说物体发出的光有足够的时间到达观测者。现在普遍认为，可观测宇宙的半径约为 460 亿光年，年龄约为 138 亿年。这两个数值的不匹配源于宇宙的膨胀。在遥远天体发出的光到达地球的过程中，宇宙又膨胀了许多。——译者注

▎遥远的邻居

2017年春，哈勃空间望远镜在它27岁生日那天拍下了这张照片。照片中的主角是两个位于后发座内的星系——NGC 4298和NGC 4302，它们距离地球均有约5500万光年。NGC 4298的拍摄角度为斜上方，其旋涡结构清晰可见；NGC 4302则完全以侧面展示给我们，星系内部的暗尘埃云分外显眼。

3

人类对宇宙认知的跃迁，得益于哈勃空间望远镜那超高的分辨率和出色的灵敏度。在哈勃空间望远镜的帮助下，众多星系从宇宙背景中被一一辨认出来。星系盘的优美、旋涡结构的壮丽、星爆环的对称——每一个星系都以其自身的鲜明特征成为一道赏心悦目的风景。透过哈勃空间望远镜的镜头，天文学家们还观测到了宇宙中数不胜数的星团、星云、超新星、神秘的暗物质环、正在碰撞的星系和威力巨大的黑洞。还有一个令人心潮澎湃的事实是，对那些遥远星系的观测，令人类得以窥见宇宙的最初。

　　遥远星系发出的光线要穿越漫长的时空才能抵达地球，这就可以帮助人类在时间的洪流中回望，看到百亿年前第一代星系刚刚诞生时的模样——那是一些形状不规则、光线暗弱的小斑点或小条带，它们向我们展示了宇宙在百亿年前的景象，那时距离太阳和地球的诞生尚有极为漫长的光阴。

　　本书将带你开启一场星际旅行，从我们熟悉的银河系出发，直至可观测宇宙的时空尽头。通过 160 多幅精心挑选的图片，我将向你逐一介绍有关星系、类星体、星系团、引力透镜以及宇宙演化史等诸多领域的最新发现。

　　要想探究宇宙的结构及其演化过程，我们就必须将目光投向神奇而多彩的星系世界。感谢天文仪器研发工作者们，是他们的辛勤工作为人类开启了窥探宇宙真相的窗口。同样要感谢那些将自己的研究成果慷慨分享给全世界读者的天文学家们。我在为本书搜集资料和撰写文字的过程中，时刻感受着无以言表的震撼。我希望读者在阅读本书时，也能体会到同样的震撼！

　　有时候，幸福就藏在一枚大头针的顶珠后面。

——霍弗特·席林

五彩斑斓的星辰世界

星系是宇宙中的村落或城市，恒星在其中度过它们的一生——它们在气体和尘埃构成的五彩星云中孕育，在猛烈的超新星爆发中走向死亡。本图为哈勃空间望远镜拍摄的礁湖星云。

▎酷肖银河系

宏伟壮丽的旋涡星系NGC 6744位于孔雀座内，距离地球约3000万光年。远远看上去，它与我们所在的银河系十分相似。它旋臂上的红色亮斑是聚集在一起的氢气云，新的恒星正在这里诞生。本照片由欧洲南方天文台（European Southern Observatory，ESO）下辖的拉西拉天文台（La Silla Observatory，位于智利）2.2米口径望远镜拍摄。

| 巨无霸近邻

NGC 5128是一个巨大的椭圆星系，距离地球约1100万光年[1]。该星系中有一条宽而弯曲的尘埃带，将亿万颗恒星发出的璀璨光芒部分遮蔽了。在该星系周围，天文学家还发现了数千个球状星团。NGC 5128又被称为"半人马座A"，有一个超大质量黑洞位于它的中心，使其成为一个超级射电源。

① 本书在翻译成中文的过程中对部分数据进行了更新，更新数据主要来自NASA（美国宇航局）官方网站。

8.

▎拥有"双环"的星系

NGC 7098看上去好像拥有一个双环结构，事实上它只是一个不太寻常的棒旋星系，恒星构成的外环其实是它的两条旋臂。该星系位于南天星座的南极座内，距离地球约9500万光年。照片背景上众多的小光斑是更加遥远的星系。

目 录

1

我们的银河家园	15
恒星育婴室	16
恒星与行星	24
恒星的死亡	32
银河系中心	40
间奏曲 "勘测"银河系	48

2

河外近邻	51
麦哲伦星系	52
仙女星系	60
三角星系	68
卫星星系	76
间奏曲 星星离我们有多远?	84

3

星系画廊	87
旋涡星系	88
棒旋星系	96
椭圆星系、透镜星系和矮星系	104
暗物质	112
间奏曲 宇宙的膨胀	120

123   **宇宙荒诞剧**

124   星系的舞蹈

132   碰撞与并合

140   活动星系核与类星体

148   超大质量黑洞

156   *间奏曲*   **巨眼观天**

4

159   **星系团**

160   星系集合

168   引力透镜

176   暗物质的引力

184   宇宙的大尺度结构

192   *间奏曲*   **时间回溯**

5

195   **宇宙的诞生和演化**

196   时空边缘

204   第一代星系

212   早期宇宙

220   暗能量

228   *间奏曲*   **精确宇宙学**

6

▎奇妙的视角

本照片拍摄的是位于智利北部帕瑞纳天文台（Paranal Observatory）的夜景：长长的银河横亘在夜空中，从一侧天际延伸到另一侧天际；照片四角是甚大望远镜（Very Large Telescope，VLT）那四座庞大的机身；细看银河，原本明亮的中心区域被幽暗的尘埃云遮蔽了大半，玫瑰红色的光点是活跃的恒星诞生地。从地球视角看到的银河实际上是我们星系的"内景图"。

我们的银河家园

Unsere Milchstraße

恒星育婴室

我再也没有见过如1998年春天那样美丽的银河。在荒凉的智利北部，海拔2600米的帕瑞纳山顶，甚大望远镜的架设正在如火如荼地进行。希腊天文学家詹森·斯拜罗密欧（Jason Spyromilio），未来帕瑞纳天文台的台长，白天带着我四处参观，晚上就陪我在被探照灯照得如同白昼一般的工地食堂用餐——食堂位于工地的生活区，那里堆放着好多海运集装箱，作为工地的简易休息室。

突然，停电了，应急供电设备至少需要半个小时才能安装好。于是在这个空当，工地上的所有人——建筑工人、技术人员和天文学家——都走到了户外，抬头看向天空。这是一片他们中的大多数人都从未见过的壮丽星空：黑丝绒般的天幕上，万千繁星熠熠烁烁，璀璨争辉。宽阔的银河条带就横亘在众人头顶，这是从星系内部看到的我们的家园星系——银河系的样子。

银河系中的4000亿颗恒星组成了一个巨大的圆盘，它们绕着圆盘的中心有序而缓慢地旋转着。从我们的视角（银河系的外围地带）看银河系的其他恒星，它们构成了一条横亘天穹的光带。这是一条斑驳的、由繁星组成的云雾状光带，中间夹杂着浓厚的尘埃云，使我们无法看到银河系明亮的中心区域。但当银河里其他千万颗距离地球数千光年远的恒星一齐闪耀时，那令人震撼的景象还是使我们深深感到自身的渺小。

仰望银河，想到人类在宇宙时空中所处的地位，敬畏之感油然而生。百多亿年来，这个不断扩张的棒旋星系见证了无数恒星的诞生、发展和死亡。46亿年前，当银河系已经达到如今年龄的2/3时，我们的太阳才作为无数毫不起眼的黄矮星[1]中再普通不过的一员诞生了。太阳诞生时残留的些许尘埃凝聚起来形成了行星。在这些行星中的某一颗上，有机分子演化成了具有自我意识的生命体，而后者又在某一个夜晚，在行星表面一个漆黑无光的山顶上，向着浩渺宇宙投去了自己惊奇的目光。

几千年来，人们一直幻想天上居住着各路神仙、灵兽，银河被想象成天上的河流或道路。一直到最近几百年（对宇宙来说只是一瞬间），神话才不得不向科学低头。然而，事实却比想象更加离奇，谁人曾敢设想组成我们身体的原子竟然来自星星！

除了偶然一现的流星和天外稀客彗星外，星空在我们眼中看起来亘古不变，银河更是宇宙永恒的象征。然而，我们看到的只是表象。人类的寿命和人类社会的历史是如此短暂，以致让我们错以为星空永恒不变。可是，相对于恒星的存在来说，人的一生只是须臾。从智人诞生之日起到现在，太阳只走完了它围绕银河系中心公转轨道的千分之一。从埃拉托色尼（Eratosthenes）[2]到爱因斯坦（Einstein），从惠更斯（Huyghens）[3]到霍金（Hawking）——过去、现在以及未来的所有自然学家所研究的星空，其实都只是银河系成长史中的一帧画面。

▌猎户座的秘密

这是一张著名的北半球冬季星座猎户座的长时间曝光照片，从中可以看到猎户座分子云团（又称"猎户座分子云复合体"）的清晰轮廓。照片中，在"猎户座腰带"（3颗并排亮星）下方的亮云中，新的恒星正在诞生。这个"恒星育婴室"距离地球约1350光年。照片左上角的橙色恒星是参宿四。

---

[1] 天文学中，矮星指所有半径与太阳相当或更小的恒星。黄矮星的表面温度介于5400~6000K，发黄光。——译者注

[2] 埃拉托色尼，又译作厄拉多塞，古希腊伟大的哲学家、数学家、天文学家和地理学家，被誉为"西方地理学之父"，西文"地理学"（geographica）一词便为他所创。——译者注

[3] 惠更斯，17世纪荷兰著名物理学家、天文学家、数学家和摆钟发明者，在力学和光学领域有杰出的贡献，在数学和天文学方面也有卓越的成就，是近代自然科学的重要开拓者之一。——译者注

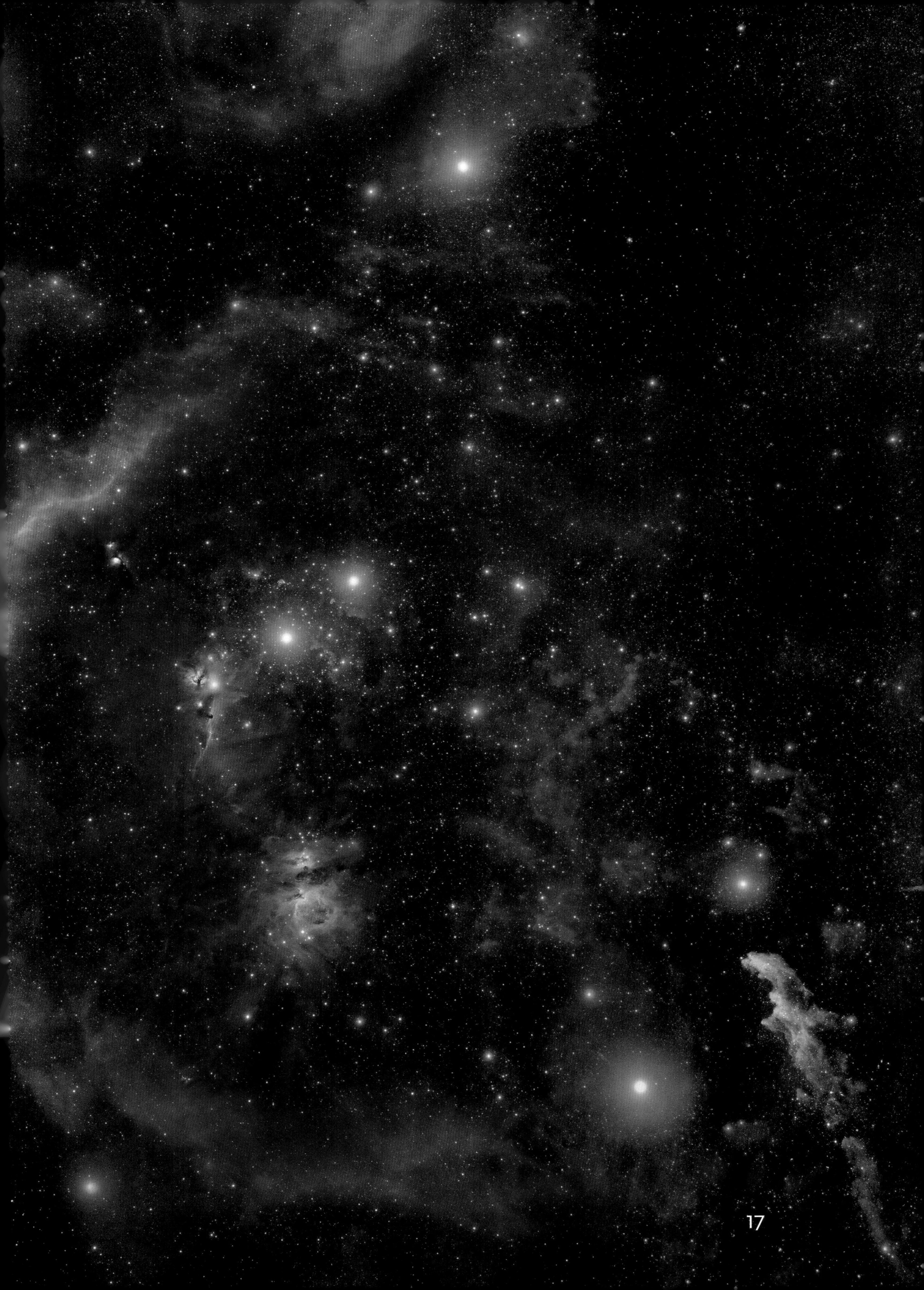

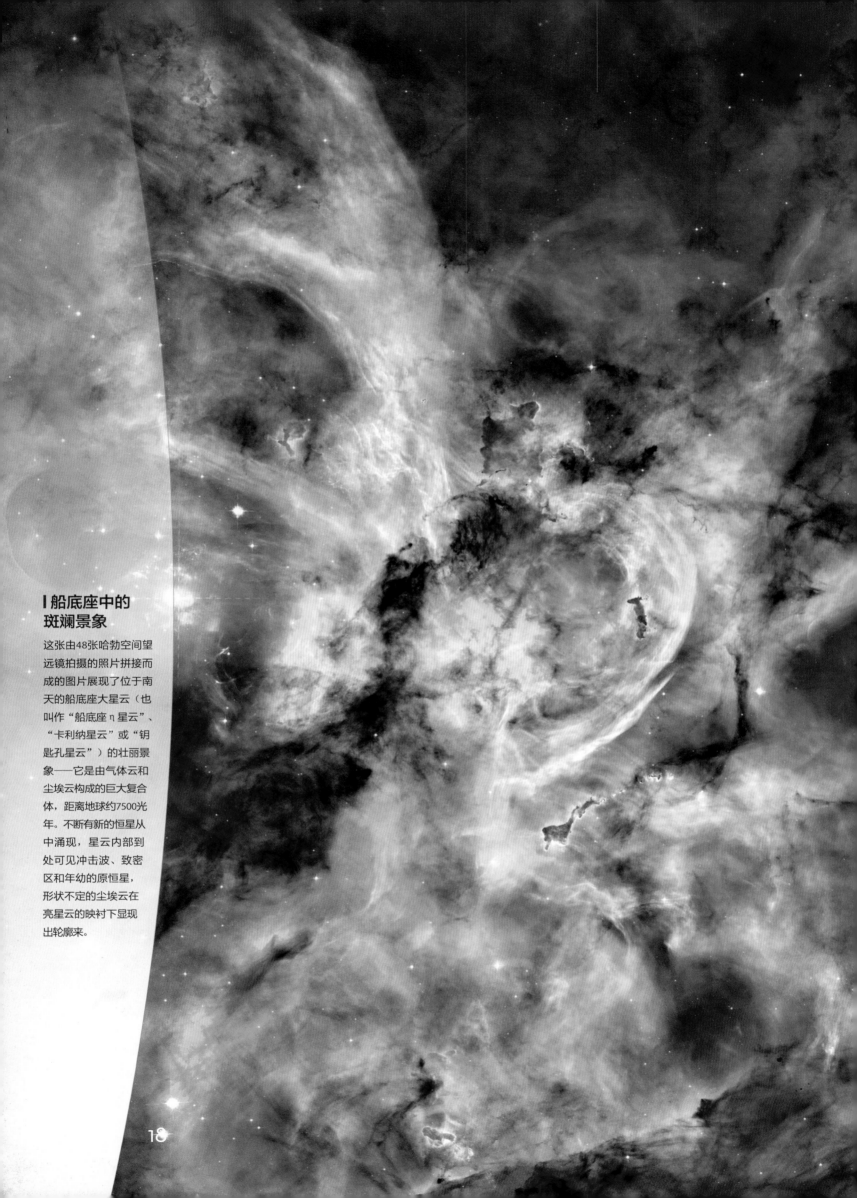

| 船底座中的斑斓景象

这张由48张哈勃空间望远镜拍摄的照片拼接而成的图片展现了位于南天的船底座大星云（也叫作"船底座 η 星云"、"卡利纳星云"或"钥匙孔星云"）的壮丽景象——它是由气体云和尘埃云构成的巨大复合体，距离地球约7500光年。不断有新的恒星从中涌现，星云内部到处可见冲击波、致密区和年幼的原恒星，形状不定的尘埃云在亮星云的映衬下显现出轮廓来。

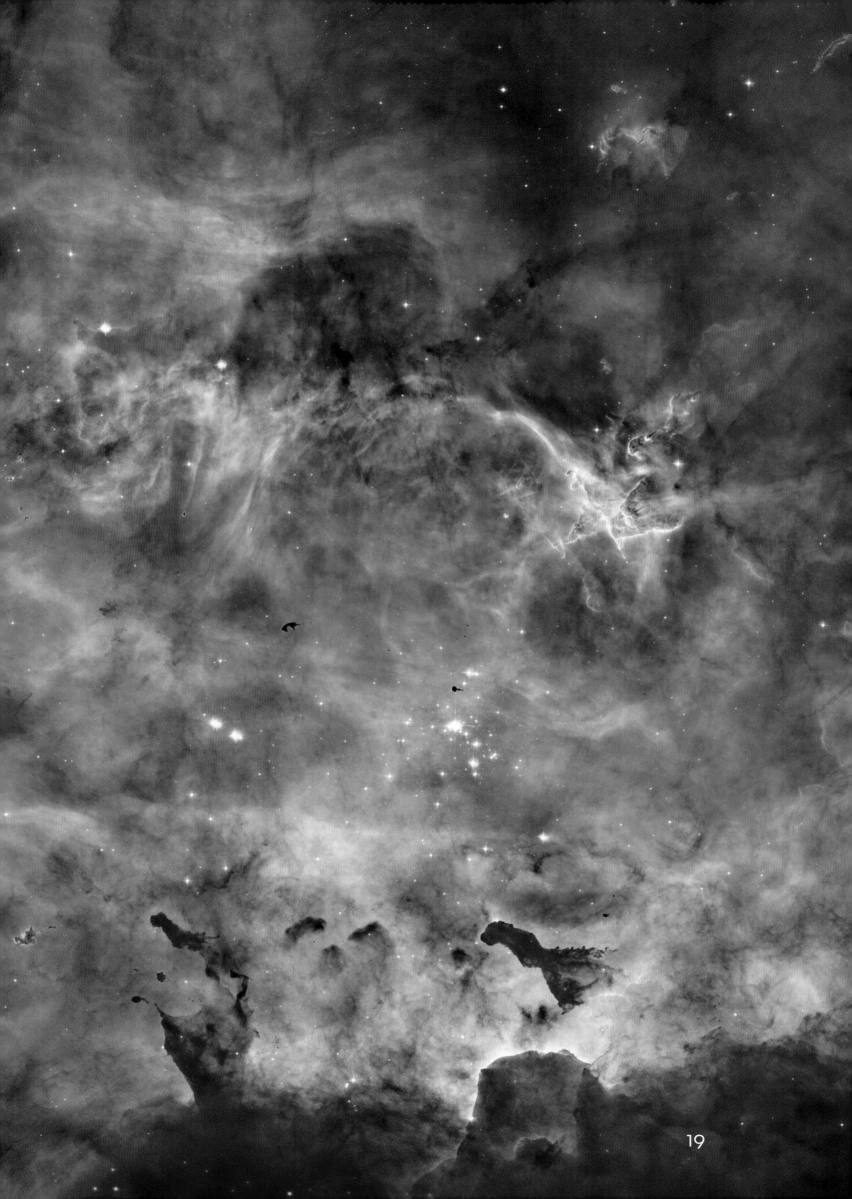

绚丽多彩的"恒星育婴室"

与猎户座分子云团类似，距离地球1.3万光年远的NGC 2467星云是一个巨大的恒星形成区。照片中厚重的尘埃云部分遮蔽了发光的氢气云。明亮的背景上，随处可见幽暗的细柱和手指状结构，类似于下一页中鹰状星云的"创生之柱"。本张照片上大部分恒星的年龄只有几千万岁。

再现银河系的发展历程，须以亿年为时间单位进行观察。当我们把百亿年的时间浓缩在几分钟内时，就能目睹宇宙的风起云涌、星云的聚散离合，看到新生的恒星如萤火虫般在夜空中亮起，亲历如森林野火般迅速蔓延的恒星诞生过程，见证一颗恒星的死亡如何成为另一颗恒星诞生的契机。

银河系就像一个繁忙的厨房，烹饪出亿万恒星。这里没有专门的大厨，菜谱就是自然法则，主要的原材料是氢和氦，再加一点点重元素，剩下的一切工作交给万有引力就可以了。不知不觉中，第一代恒星"大餐"已经做好，再幸运一点的话，连"配菜"——行星都随盘附上。这一切过程，都始于冷暗的星际云内。这些星际云是体积庞大、冰冷、不发光的分子云，在其内部，原子们合成了氢气和一氧化碳等简单的分子。

这些大小仅几百光年的暗星云只有在亮星云的映衬下才能显现出自己的轮廓来，或者通过特殊的抛物面天线［例如阿塔卡马大型毫米波/亚毫米波阵列（Atacama Large Millimeter/submillimeter Array，ALMA）①］，人们才能捕获到它们发出的射电辐射，从而探知它们的存在。分子云中气体密度最高的地方，引力发挥着作用，它使原子和分子越来越聚集，最终形成致密的云核，云核中包含的物质足够生成几十乃至几百颗恒星。在湍流或磁场的影响下，分子云核会裂解成众多碎块——这些碎块就是恒星的胚胎，它们可能会长成像太阳那样的单颗恒星，也可能会形成双星、三星甚至四星系统。

在最多几十万年的短暂时间后，一个崭新的星团会在分子云深处闪亮问世。新生恒星的"核熔炉"一旦点燃，就会向周围辐射出巨大的能量，包裹在恒星周围的分子云因此受热升温并散逸开来。

冲击波推动着分子云内部的气体和尘埃形成新的致密区域，孕育出更新一批的恒星。于是，在这间"恒星育婴室"里，"恒星婴儿"们接踵而生。而孕育它们的"子宫"——暗星云，却在这个过程中缓慢但必然地消散了。

① 位于智利北部，由66台天线组成，是一个国际合作的天文设施，由欧洲、北美、东亚与智利共和国合作运作。——译者注

渐渐消散的"创生之柱"

位于巨蛇座内、距地球约7000光年远的鹰状星云有三根黑暗的尘埃柱。在附近一个星团（位于尘埃柱上方、画面之外）的强烈辐射下，它们正在渐渐消散。这张照片拍摄于红外波段，由于红外线穿透尘埃云的能力比可见光强，所以尘埃柱中的原恒星在照片中清晰可辨。

新生的星团中那些体重较大的"婴儿"发出紫外辐射，作用在星团周围被吹散的气体分子上，这些气体分子因此被电离并发出特有的玫瑰红色光辉。辐射产生的影响[1]又会使另外一些地方的气体云和尘埃云发生坍缩，形成新的恒星"胚胎"。在不久的将来，这些"恒星胚胎"就会"发育"成新一批恒星。

同时，辐射也在不断侵蚀着尘埃云的边缘。就像砂岩在时间的长河中会被风逐渐侵蚀一样，尘埃云也会被新生恒星发出的辐射侵蚀。只有在那些大型致密区域的阴影中，在背着辐射风的一侧，尘埃云才能长久地存在，于是形成了那些长长的"黑手指"，它们看上去都指向新生的星团。当其内部也孕育出新的恒星后，这些"手指"便消散得一干二净。

在相当于银河系寿命 1% 那么长的一亿多年后，引力作用渐渐无法再将恒星们束缚在一起，这个闪亮的集体就会分崩离析。大质量的成员很快走到生命的尽头。而那些质量较小的成员，比如太阳，则会沿着银河系的旋臂向银河系外的广袤空间迁移。

从帕瑞纳山顶仰望星空，银河呈现出令人叹为观止的绮丽景观：距离地球较远的数百万颗星星汇成一片星海，只有用超高倍天文望远镜才能将它们一颗颗分辨出来。此外，夜空中还有几千颗离我们不太遥远的星星，它们就在太阳系附近。这其中会不会就有 45 亿年前和太阳在同一个星团中爆发出生命之光的"兄弟姐妹"呢？没人知道答案！但我们可以确定的是，在每一个瞬间，在银河系中的无数地方，在那些被银河光辉映衬出黑暗轮廓的气体云和尘埃云深处，总有新的恒星正在孕育，新的太阳、新的行星乃至新的生命正在形成。这样的奇迹可能发生在银河系的每一个地方，可以早在地球诞生之前，也可以晚在人类从宇宙舞台谢幕之后。作为浩瀚宇宙中的一只小小蜉蝣，我永远都看不够这壮丽的银河胜景。

▌大家庭的命运

星团NGC 6611的年龄只有550万年，它位于鹰状星云的中心，成员恒星几乎同时诞生。由于受到这些恒星的辐射，鹰状星云正在被渐渐吹散。大约几亿年后，NGC 6611将分崩离析，成员们分散于银河系内各处。

---

[1] 恒星形成时将周围物质电离会导致压力波的产生，而压力波又会在分子云内部造成挤压和推动效果。——译者注

23

恒星与行星

我们的银河系是一个拥有几千亿居民的宇宙大都会，城内居住着"心宽体胖的夫妻""脾气古怪的单身汉""和睦的大家庭""一点就着的急性子""离经叛道的自由主义者"……年老的和年轻的、冰冷的和火热的、庞大的和微小的、轻的和重的、物质贫乏的和物质丰富的，可以说应有尽有，简直就是一个多彩的大熔炉。银河系中，没有两颗星是完全相同的，它的每一个成员都有其光谱特征，高灵敏度的光谱仪可以将它们的差别呈现出来。

但是，所有的恒星都有一个特征，那就是它们都是发光发热的巨大球体，内部无时无刻不在进行着核聚变反应。"核聚变"这个词听起来很复杂，实则不然：就像两个小公司可以合并成一个较大的公司，两个质量较小的原子核也可以融合成一个质量较大的原子核。在这个过程中，根据爱因斯坦著名的质能方程 $E = mc^2$，有少量的质量会转化为能量，这些能量最终以可见光和其他辐射的形式从恒星表面释放出去。

▎年轻恒星的高速喷流

在这张由哈勃空间望远镜拍摄的照片中，猎户座大星云（M42）的中心被不透光的尘埃云所遮蔽，两股喷流正从一颗原恒星的两极射向太空——这是两束高温、高速的狭长气流，释放出大量转动动能。气流与周围物质相撞会产生强烈的冲击波，从照片上看，就是喷流上那些小而亮的区域。

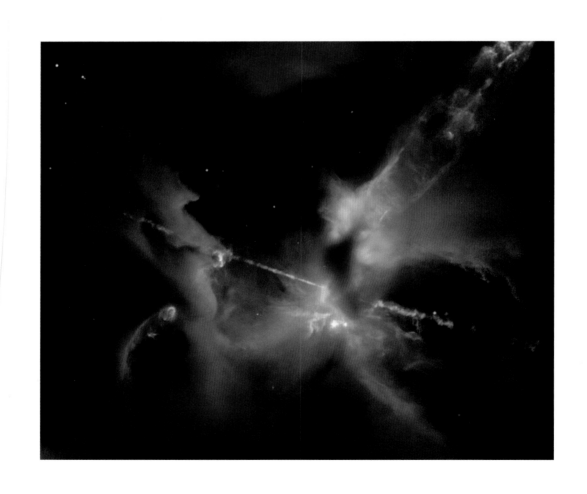

恒星幼儿园

约1500光年外的猎户座大星云是距离我们最近的恒星诞生地。这张红外照片中的红色光点就是刚诞生的原恒星们，它们主要位于照片右下部，以及照片中上部的暗尘埃云的左边缘。本照片由NASA的斯皮策空间望远镜（Spitzer Space Telescope，SST）拍摄，所获得的红外图像在后期经过染色处理。

| 行星的缔造

原行星盘中的尘埃和碎石迅速凝聚成更大的石块，最终形成整个行星。这是一张建立在大量天文观测基础上的示意图。图中还显示，在原行星盘的内侧，新生恒星发出的强烈辐射吹散了它周围的尘埃。

夜空中的每一颗恒星都是一座宇宙核电站。在地球环境中，核聚变是一项艰巨的任务，因为原子核必须被施加以巨大的外力才能相互融合。虽然人类已经造出了氢弹，但通过可控的核聚变反应来实现核能的和平利用仍然是个梦想。而在恒星内部，天然就存在着巨大的压力和极高的温度。在这样的条件下，原子核相对整齐地排列着，核聚变反应可以自发且连续地进行。

这样的核聚变反应需要气体达到一定的质量。如果发生坍缩的星际气体云质量小于14倍木星质量，它会形成一个球状的气态天体，但其内部的压力和温度太低，不足以引发核聚变反应。在银河系中，可能飘荡着几十亿个这种冰冷、黑暗的气态天体，它们就像没有

母恒星约束的巨行星，孤独地流浪在宇宙间。如果发生坍缩的星际气体云质量大到一定程度，其内部的压力和温度高到一定程度，气体云中的氘（重氢）原子就会发生核聚变反应。但氘在气体云中含量很低，这种聚变不会产生大量能量。这种情况下，气态球体最终会形成一颗光线暗弱的小恒星，它的体积比行星大不了多少，热量很低，几乎不发出可见光，我们把这种小恒星称为"褐矮星"。褐矮星很难被发现，但它们可能大量存在于宇宙中。只有当气态天体的质量大于70倍木星质量时，才可以被称为真正的恒星。这种天体内部的质子（也就是氢原子的原子核）能够聚变为氦原子核。气体质量越大，内部的压力和温度就越高，核聚变反应也就能越高效地进行。

于是可以说，最初的气体质量决定了一颗新生恒星的外观和性质——是小而低温的矮星还是大而炽热的巨星。蓝巨星会烈火烹油似地燃烧自己，常常在几千万甚至几百万年内就走到生命的尽头。但表面冰冷的红矮星却能锱铢必较地使用它并不丰富的氢储备，因此反而可能获得长达数万亿年的寿命。

体积庞大、四处弥散的星际气体如何凭借自身的质量凝聚、坍缩成一颗发光发热的恒星，具体的细节我们还没有完全弄清。我们知道的是，引力作用使气体粒子相互靠近，气体云收缩变小后，就开始快速地旋转，离心力使云块形成一个平坦、旋转的圆盘，如果这个由气体和尘埃组成的圆盘的中心要诞生一颗稳定旋转的恒星，圆盘必须释放掉大量转动动能。

这个目标很可能是通过原恒星的高速喷流实现的。高速喷流就是年轻的原恒星沿着自己的转动轴方向向宇宙空间喷发出的两股旋转气流。这种喷流到底是如何形成的，目前尚不清楚。喷流之后，剩下一个相对"悠然"旋转的原恒星，周围环绕着一圈由气体和尘埃构成的圆环。在这个原行星盘中，只需要几十万年的时间就可以凝聚出一颗颗行星。

这令我们不禁产生一个有趣的想法：像地球这样一个拥有海洋、沙漠和火山的"完整世界"，其实只不过是一颗恒星诞生时的边角料，或者说是冷却的"炉渣"形成的。太阳系中的所有行星、卫星、彗星和小行星的质量加在一起，还不到太阳系已知总质量的1%，其余99%以上的质量都属于太阳。还有一个不可思议的事实，那就是宇宙中几乎所有的恒星都拥有自己的行星系统，仅仅在银河系中，类地行星就有几十亿甚至上百亿颗。

关于环绕在新生恒星周围的原行星盘，天文学家们已经研究得比较透彻。盘中的暗区有新生行星存在。通过灵敏度极高的大型地面望远镜和空间望远镜（比如开普勒空间望远镜），天文学家们在很多恒星身边发现了太阳系外行星，总计达几千颗。这些恒星有些和太阳年龄相仿，也有些更为古老。目前我们已经掌握众多系外行星的质量、体积和物质组成等数据，其中有几颗与地球颇为相似。

茫茫宇宙中，没有什么是独一无二的，我们的母星——地球也不例外。虽然我们眼下仍不知道那些遥远的系外行星上是否存在水和生命，但就在离太阳最近的两颗小而低温的矮星——比邻星和特拉比斯特-1身边，天文学家发现有行星处于宜居带内，它们与母恒星之间的距离刚好允许液态水的存在。

当你在一个晴朗而漆黑的夜晚举头眺望梦幻般的银河时，请记住，那亿万繁星中的每一颗都可能有自己的行星相伴，生命的物质基础——碳水化合物和氨基酸——在宇宙中其他地方也可能产生。所以，浩瀚宇宙，仅在一个星球上发生过一次生命的兴起是几乎不可能的。

同时，我们要知道，地球生命的存在完全依赖于太阳的能量，这能量就来自于太阳内部的核聚变反应。细胞的分裂、生命的繁衍、植物的光合作用、生物的进化、自我意识的产生……如果没有这持续了几十亿年的从氢到氦的聚合反应，一切的一切都无从发生。我们是如此地依赖于太阳所发出的光和热，尽管它对于广袤的银河系来说，只能算得上微光一点。

与光和热同时传递到地球上的，还有太阳那令人难以捉摸的"脾气"。太阳活动的一点点变化就可以影响地球的气候。人类目前还没有充分掌握太阳活动的规律，更遑论对其进行预测了。致命的X射线和带电粒子流的爆发，曾经几次三番地袭击地球和生活在它上面的脆弱的居民们。地球上的生命，即使捱得过冰河期和炎热期，也终将[1]走向灭亡。在未来的几十亿年里，太阳的光度[1]会逐步升高，海洋会干涸，地球将变成热浪翻滚的炼狱。

宇宙中，既没有唯一，也没有永恒。太阳是一颗相对"祥和"的典型黄矮星，它的行星系统是宇宙规律作用下的典型模式，地球是一片欣欣向荣的生命绿洲。但在银河系的另外一些地方，迥异的场景正在上演：恒星们，有些正膨胀为灼热的红巨星，有些则正在被旋转的黑洞吞吸；而行星们，有的因为引力扰动脱离母恒星的束缚去太空流浪，也有的一头栽进母恒星沸腾的表层……碰撞、爆炸，超越人类的想象极限。我们的存在，也许并不像看起来那样天经地义、理所当然。

"七行星"

距离地球约40光年的矮星特拉比斯特-1拥有7颗行星，其中两颗位于宜居带内。左图是从7颗行星之一的行星表面观察整个行星系统所看到的景象，这时7颗行星中的另外一颗恰好位于特拉比斯特-1的前方，呈现为一个黑点。正是通过这种"行星凌恒星"现象，天文学家们发现了特拉比斯特-1的行星系统。

---

① 表征恒星发光能力强弱的量。它是恒星本身的真正发光能力，与恒星的温度和体积有关——译者注

❙ "光回声"现象

距离地球约2万光年的红巨星麒麟座V838在2002年初突然爆发，其当时的亮度相当于100万个太阳。它很可能是那一小段时间里银河系中最亮的星。几年后，哈勃空间望远镜在它周围拍到了所谓的"光回声"现象——那次爆炸发出的光在这颗恒星周围的分子云中发生了反射。

▌古老的星团

位于武仙座内的球状星团M92，距离地球约2.5万光年。它是一个拥有约30万颗古老恒星的巨大恒星集合。球状星团是银河系中最古老的天体系统。M92估测有140亿岁高龄。与这个星团的成员相比，太阳只是银河系舞台上的新人。

更令人心潮澎湃的事实是，我们与这个多姿多彩的宇宙大都会乃至其中发生的所有荡气回肠的大事件都息息相关、不可分割。从灵长类动物进化成为拥有理性和自我意识的智人，我们不能将自己的进化史从漫长的宇宙进化史中剥离出来。本质上讲，我们就是星尘！

恒星在银河系中的诞生看起来如此浪漫，但这件事也有黑暗的一面。太阳的形成与存在，得益于其他某些恒星的不幸消亡——早在太阳诞生前，它们就完成了从生到死的生命历程。在宇宙里，生与死相依相伴，循环往复。所以，是时候参观银河系的"星之墓场"了。

恒星的死亡

银河系是一个生死场：平均每年都会有一颗恒星在这个"宇宙子宫"内孕育；同样，每年也会有一颗恒星在这里走向生命的终结。恒星的诞生与死亡之间保持着大体的平衡，死亡恒星的残烬将被用于新的星体形成。银河系也可以说是一个波澜壮阔的大舞台，在这个大舞台上，上演着生生不息的宇宙循环，并且这个循环与人类和地球的命运紧密相连。

对于小而低温的红矮星来说，生命的终点遥不可及。[①] 这些"天性节俭"的矮星们在诞生后的几十亿乃至上百亿年的漫漫时光里始终如一地散发着淡弱的光芒。许多红矮星都拥有类似于地球的行星。行星们在环绕母恒星的小小轨道上运行，接受着母恒星那不多的光和热。它们的表面有足够的热量产生液态水，生命发生的奇迹随时都可能出现。而像我们的太阳这样大小的恒星则会比红矮星更快地燃烧自己，也因此更快地衰老，更早地熄灭自己的生命之火。

上帝之眼

螺旋星云（NGC 7293）是距离地球最近的行星状星云，只有约700光年远。从这张红外照片上可以看出，该星云的中心区域充满着高温尘埃粒子。几十亿年后，我们的太阳也会膨胀成为一颗这样的红巨星，其外层气体将向太空喷发，形成一个硕大的气壳包裹着自身的残骸。

---

① 红矮星的寿命可达几千亿甚至上万亿年。——译者注

天鹅座的"肥皂泡"

位于天鹅座内的肥皂泡星云（PN G75.5+1.7）于2008年被首次发现，它是由一颗垂死的恒星抛射出的行星状星云。18世纪末，威廉·赫歇尔（William Herschel）曾在天文观测时发现了大量此类天体。在赫歇尔的望远镜中，这类天体朦胧的盘面看起来很像天王星，于是他将它们命名为"行星状星云"。然而，它们并不是行星。

起初，太阳的温度和光度会逐渐升高。在大约 10 亿年内，地球表面的海洋将缓慢但必然地蒸发罄尽，火星两极的冰开始融化，直到淹没整个火星表面。然而这只是死亡大剧的开篇，当太阳的氢储备耗光、氦原子开始聚合成碳原子和氧原子时，死刑正式执行。太阳会在很短的时间内膨胀为一颗恐怖的红巨星，在最靠近太阳的、最小的行星——水星表面，急剧升高的温度将最外面的岩石层熔化为炽热而黏稠的熔岩海洋。最终，这颗行星被不断扩张的红巨星完全吞噬掉。

金星也会遭遇同样的命运：被炙烤、蒸发，最终灭亡。当垂死的太阳膨胀到接近原来大小的 200 倍时，地球只剩下一团烧焦的石块。这时太阳会把它的最外层物质抛向太空，形成一圈膨大的、五彩斑斓的星云包裹着太阳的残骸。这圈星云存在几万年后，会渐渐消散。银河系内遍布着这类行星状星云——它们是那些与太阳类似的恒星们的最后一缕气息。这些恒星在太阳刚诞生时就已成年，现在它们走到了生命的终点，即将灰飞烟灭。

星云会在磁场的作用下剧烈地扭曲，形成错综复杂的形状。螺旋星云（NGC 7293）那放射状的触手是恒星在濒死挣扎的剧痛中发出的无声证言，肥皂泡星云那脆弱而对称的泡状结构则是恒星短促而激烈的临终呐喊。最终，这些死亡的恒星将收缩、坍塌成白矮星，温度比太阳更高，体积却往往比地球还小。白矮星是一种由碳原子和氧原子构成的致密球体，外面包裹着薄薄一层氦气和氢气，核聚变和辐射压已经抵抗不了它内部的引力坍缩。在随后的几十亿年中，白矮星渐渐冷却成一块冰冷的、黑暗的"宇宙炉渣"。太阳的生命就这样走向终结，而我们曾如天堂一般美好的家园——地球，也将变成一粒黑暗而死寂的宇宙尘屑，再无声息。如此看来，恒星的死亡对于生命来说几乎没有好处。

然而死亡与新生因果相连，恒星通过自己的死亡制造出构成植物、动物和人的基本化学元素。在红巨星喷发出的气体中，氢、碳、氧、氮四种原子排列组合成简单的有机分子——这是形成糖、氨基酸和 DNA 的第一步。惊天动地的超新星爆发能够引发更大规模的类似反应。

五彩斑斓的"大螃蟹"

蟹状星云是1054年一次超新星爆发后留下的。在这片持续扩张的星云中心有一颗快速旋转的中子星。从地球上进行观察时，我们称其为"脉冲星"。[①] 本张图片由包括射电、红外线、可见光、紫外线以及X射线在内的多个波段的照片叠加而成。

① 所有脉冲星都是中子星，但不是所有中子星都是脉冲星。如果中子星的辐射束不扫过地球，我们就无法接收到它的脉冲信号，这颗中子星就不表现为脉冲星。

——译者注

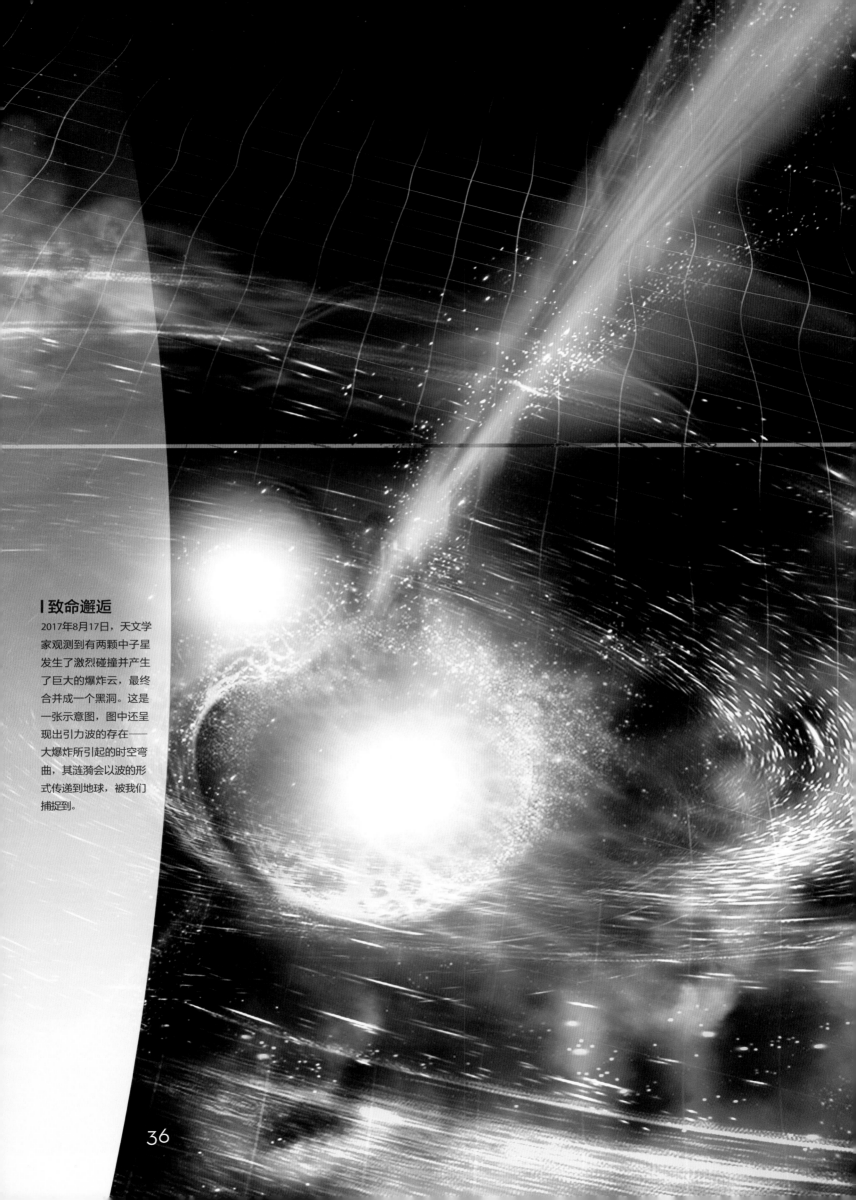

致命邂逅

2017年8月17日，天文学家观测到有两颗中子星发生了激烈碰撞并产生了巨大的爆炸云，最终合并成一个黑洞。这是一张示意图，图中还呈现出引力波的存在——大爆炸所引起的时空弯曲，其涟漪会以波的形式传递到地球，被我们捕捉到。

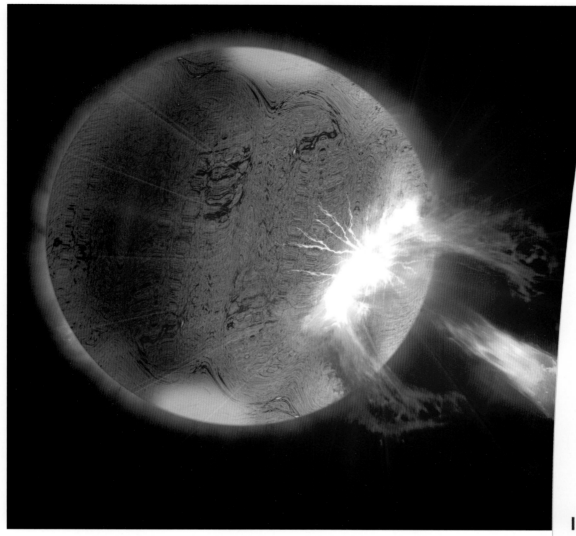

强磁"怪星"

一颗大质量恒星在经过惊天动地的超新星爆发后结束了它短暂的一生，遗留下来的超级致密的残骸叫作"中子星"。在这种体积极小、密度极高、自转速度飞快的星球表面，有时会发生猛烈的磁暴，其在1毫秒内所释放的能量相当于太阳在24小时内释放的能量总和。

　　如果没有恒星内部发生的核聚变反应，没有新元素在"恒星熔炉"中生成，我们的宇宙里将永远只有氢元素和氦元素。正因为有了红巨星的质量损失，有了大质量恒星的爆炸式死亡（即超新星爆发），宇宙大循环才不断有新的元素加入，形形色色的化合物才得以合成。老一代恒星的坟墓成为生命诞生的摇篮。

　　几十亿年的宇宙演化导致了地球生命的出现，我们是这个不断发展变化的宇宙中不可或缺的一分子。我们血液中的每一个铁原子，骨骼中的每一个钙原子，心肌细胞中的每一个碳原子，都是在很久以前，在银河系某一颗恒星内部熊熊燃烧的核火中锻造而成的。

　　如果没有星风、行星状星云和超新星爆发，这些原子将永远留存于恒星内部。生命的存在得益于恒星的死亡。超新星爆发的过程可被描述如下：假设有一颗大约20个太阳那么重的大质量恒星（当然它要比太阳炽热和明亮得多），它在极短时间内将自己的氢储备消耗得干干净净，然后经历一个同样非常短暂的、

氦原子融合成碳原子和氧原子的红巨星阶段。红巨星内部极高的温度和压力开启了新的核聚变反应，生成更重的元素，主要是氖和硅（这是在太阳这种小质量恒星中永远不会发生的反应）。接下来，各式各样的核反应相继发生，反应速度越来越快。巨大的能量和不可遏制的辐射压几乎要将恒星撕成碎片。当铁原子和镍原子在恒星内部生成后，自发的核聚变反应终止，这颗恒星就在辉煌的爆炸中结束了自己的一生。

　　超新星爆发会将恒星的几乎全部气态物质抛向宇宙空间。这个走到生命终点的"巨人"将在几天或几周的时间里放射出几十亿倍于太阳的耀眼光芒。它的行星们像烈日下的雪花一样迅速消融，它的放射性爆炸云以每秒钟几万千米的速度扑向周遭的恒星，它那富含常见重金属元素和稀有元素、炽热且不断膨胀的气壳将持续存在几千年（即超新星遗迹），表明这里曾有一颗巨大的、短命的恒星以惨烈的方式结束了自己的生命。然而，它真的什么也没有留下吗？

当然不是！在这颗恒星所形成的超新星遗迹的中心，会有一颗极小的、超级致密的中子星存在[1]，它是坍缩后的恒星内核。它比太阳还重，大小却可能比阿姆斯特丹或科隆这样的城市还要小。这个恒星残骸主要由不带电荷的中子堆积而成，因此拥有不可思议的高密度——每立方厘米几亿吨。中子星的自转速度堪比旋转中的钻头，其产生的强力磁场不断释放出高能辐射。

有时，地面上的射电望远镜会观测到天空中有辐射源在快速闪烁（我们称之为"脉冲星"），这就提示我们该处极有可能存在一颗中子星。

更为美妙的奇观是：如果一个双星系统的两颗恒星先后发生超新星爆发，先形成的中子星可能会从伴星那里吸积物质，也可能与伴星爆发后形成的中子星相撞。两颗中子星的相撞并合会使它们所在的时空发生形变，亿万光年之外的我们可以凭借高灵敏度的探测设备捕获到微弱的引力波信号。相撞的瞬间，巨大的能量释放出来（相当于太阳在 10 万年里释放出的能量总和）。新一轮核反应生成包括金和铂在内的海量重金属元素。如果恒星爆炸（或者两颗中子星相撞并合）后的遗迹质量足够大，大到超过两个太阳质量，那么致密堆积的中子们也无法抵抗引力的作用，灾难性的引力坍缩会将物质压缩到一个临界点，这时恒星的残骸就会从宇宙舞台上"永远消失"，消失于无法逃脱的时空扭曲中，消失于黑洞的事件视界[2]内。

虽然超新星爆发会摧毁周围的行星，中子星会向宇宙空间放射出致命的 X 射线，黑洞会吞噬它事件视界[3]内的一切，但银河系的造星机制永不停歇：被吹散的气体云会在别处重新聚集，形成新的原恒星；尘埃粒子将再次凝结在一起，生成新的行星；幽暗的分子云深处，有机分子们在耐心等待着属于它们的机会，当它们随雨滴降落于某颗新生行星表面温暖的水域中后，无生命的化学物质就可能转化为生命体。终有一天，星尘被唤醒，迸发出生命的活力。新生常在，永不止息。

｜宇宙饕餮

一个黑洞（图中右侧）正在吞吸它旁边一颗恒星的气体。这些气体在消失于黑洞事件视界之前，会汇集成一个扁平的、不断旋转的圆盘。这个炽热的吸积盘发出的 X 射线揭示了黑洞的存在，虽然黑洞本身并不发出任何电磁辐射。

---

[1] 不是所有的超新星爆发都会形成中子星，还可能形成黑洞或不留下任何残骸，这取决于原来恒星的质量和金属丰度。——译者注

[2] 黑洞的最外边界，在边界之内没有任何事件能被边界外的任何人看到、听到或知道。——译者注

[3] 指黑洞周围光线不能逃脱的临界范围。——译者注

银河系中心

天文学界有一则逸事：1952年的南非，两位来自荷兰莱顿天文台（Sterrewacht Leiden）的年轻科研人员正在黑暗的野外进行新望远镜的调试工作，带队的教授却"失踪"了。这位教授就是扬·奥尔特（Jan Oort）——20世纪最伟大的天文学家之一，银河系研究的先驱者。时年52岁的奥尔特教授彼时正躺在一座小山背后的草地上。无边的黑暗里，他完全迷醉于银河的壮丽景象中——银河条带从一侧天际划过天空直达另一侧天际，神秘的银河系中心高悬于夜空。之所以说神秘，是因为位于天蝎座和人马座交界处的银河系中心，从地面上眺望，几乎什么也看不到。那里的银河带本应比别处更宽、更明亮，却被厚厚的尘埃云遮蔽了大半，看起来断断续续的。南美的印加人和澳大利亚的原住民把那些奇形怪状的黑暗部分想象成美洲豹、羊驼或者鸸鹋——这是他们文化中的"暗星座"，只能在黑暗的地方才能看到（中欧地区的居民看不到这部分银河，但是我们可以在天鹅座中看到类似的尘埃云）。那时没人会想到，在这厚厚的尘埃帷幕之后，隐藏着无比璀璨的星光。

20世纪初，人类对银河系尘埃的消光效应还知之甚少。奥尔特的老师雅各布斯·卡普坦（Jacobus Kapteyn）坚信银河系并不大，太阳和地球距离银河系的中心也并不远——这就好比当一个人置身于大雾弥漫的夜晚，他所感知到的世界是狭小而封闭的。但奥尔特通过研究恒星的运动却发现，太阳距离银河系中心有大约3万光年远，银河系比他的老师卡普坦所猜测的要大得多。

时隔不久，银河系的实际大小以及它那宏伟的旋涡结构就被描绘出来了。这项工作并不是借助光学望远镜完成的，而是得益于一个全新的领域——射电天文学[1]的创立和发展。1931年，人类发现了来自银河系中心方向的无线电波。到了20世纪50年代末，奥尔特和他的同事们根据对气体云运动速度的测定，构建了银河系的全景图。人类终于知晓，我们在茫茫宇宙中的栖居地是一个无比巨大的旋涡结构，直径大约为10万光年，太阳只是整个星系几千亿颗恒星中的一颗，而且偏居于荒凉的外围地带。

随着口径更大、灵敏度更高的射电望远镜的发明，银河系中心的秘密也被逐渐揭开。1974年，天文学家在人马座中发现了一个超级致密的射电源，它不断发出很强的无线电波，它就是人马座A*。从地球上进行射电观测，它在天空中的角直径[2]不足40微角秒，而地球与银河系中心的距离是2.7万光年，据此计算，人马座A*的直径只有不足5000万千米，约为日地距离的1/3。

这个超级致密的射电波源恰好也是银河系中心所在处。那么，人马座A*会是一个被旋转的气体尘埃盘环绕着的、内部发射出无线电波和X射线的超大质量黑洞吗？二十年前，这个观点还是一个纯粹的猜想，但如今我们已经对此确认无疑。借助高灵敏度的红外望远镜，天文学家们已经观测到存在于该放射源周围的大质量恒星们，它们围绕着放射源在半径很小的轨道上以不可思议的高速度旋转着。其中一颗恒星叫S2，它围绕人马座A*运动的周期只有15.2年，距离其最近时有180亿千米。

引力的旋涡

20世纪中叶，人类就已经知道自身所处的银河系是一个巨大的旋涡状天体系统，它的直径约为10万光年。太阳位于旋涡半径的大约1/2处，一条小旋臂的内侧。这张示意图根据NASA斯皮策空间望远镜的红外测量结果绘制。

---

[1] 又名"无线电天文学"，是利用无线电技术观测天体和星际物质所发射或反射的无线电波，从而进行天文研究的一门学科。——译者注
[2] 以角度作为测量单位，从特定的位置观察某个物体所得到的"视直径"。——译者注

尘埃之境

在银河系那明亮的中心区域，距地球大约2.7万光年远的地方，奇形怪状的黑暗尘埃云挡住了人类探索的目光。在这张全景照片中，除尘埃云以外，我们还能看到许多闪亮的恒星形成区，其中位于图中右侧的蛇夫座ρ（Rho-Ophiuchi，又称"心宿增四"）星云复合体距离地球仅有约450光年远。

穿透尘埃

多波段观测到的银河系中心：红色为红外波段，黄色为近红外波段，蓝色为X射线波段。这些我们肉眼看不到的电磁波几乎不受星际尘埃的阻挡。无线电波源人马座A★（银河系的最中心）就位于照片中部偏右的亮区内。

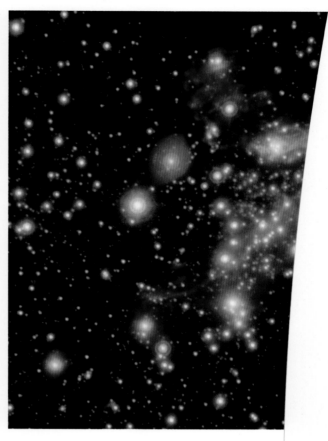

根据这些恒星的轨道，我们很容易推断出，轨道中心处必然存在一个神秘的天体，其质量大约是太阳质量的 400 万倍。它不可能是一个超级致密的星团，因为星团可以通过红外技术探测到，并且星团也不会释放出无线电波和高能 X 射线。因此，只剩下一种可能：在银河系的中心，存在着一个直径大约 2500 万千米的巨大黑洞。

黑洞是一类存在于宇宙中的、引力强大到没有任何物质可以挣脱的天体。根据爱因斯坦对引力的描述，黑洞造成的时空扭曲是如此强烈，以至于连光都无法逃脱它的吸引。这种"宇宙饕餮"只能通过它对周围环境的引力效应来证明自己的存在，比如恒星绕着它飞转。

同时，黑洞周边会产生大量辐射能：受黑洞吸引的物质首先会在其周围形成一个环形的吸积盘，盘中的炽热气体在消失于黑洞事件视界之前会释放出大量能量。由于相距太过遥远，浓厚的尘埃云又具有消光效应，因此我们很难看清这颗黑暗的银河之心。从它附近传来的星光，经过漫漫旅程后，只有最为明亮的才能抵达地球，其他比较暗弱的，都消散在茫茫宇宙中了。

▎聚焦银河之心

借助甚大望远镜上灵敏度极高的红外相机，天文学家拍下了人马座A*周围明亮的巨型恒星们。无法被直接观测的人马座A*是位于银河系中心的黑洞，天文学家根据它周围恒星的运行情况推算出其质量相当于400万个太阳。

引力的"魔掌"

在银河系中心，恒星们绕着人马座A*在狭长的轨道上运行，周期最长的为几十年。这张示意图根据实际测量数据绘制。图中也呈现出气体云G2长长的抛物线形轨道（红色）。2014年春，这块气体云从距离人马座A*很近的地方溜走，摆脱了被吞噬的命运。

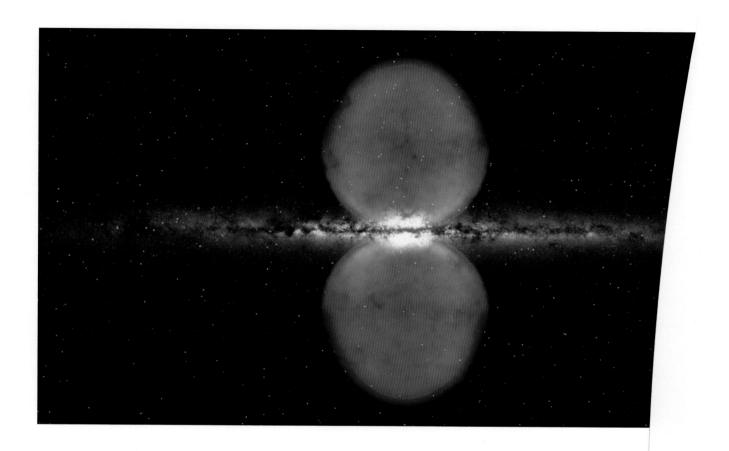

X射线探测表明，在银河系中心可能还有数以千计的小型黑洞正在形成，其中是否夹杂着中子星我们还不清楚。这很遗憾，因为有些中子星从地球上观察时表现为脉冲星，可以作为"宇宙节拍器"，而对脉冲星的精确测量可以获得该处引力场的相关信息。

2014年春，长长的气体云G2曾与人马座A*近距离接触，但并未引发天文学家们预期的"宇宙焰火"，他们本期望能从中获得有价值的天文学数据。不过可以确定的是，银河系中心的黑洞会定期享用丰盛的"宇宙大餐"。人马座A*发出的X射线量一直在剧烈地变化。那些猛烈的爆发可能就是它正在快速吞进大量物质——很可能是直径达几十千米的巨大石块。17世纪中叶的某个时刻，人马座A*一定大快朵颐了一次：那次释放的高能辐射现在已经抵达距银河系中心365光年远的分子云上——该分子云中的气体受X射线激发而产生了"光回声"现象。更蔚为壮观的一次大爆发发生在600万年前，那是人类祖先刚开始直立行走的年代。在那次爆发中，银河系中心释放出海量的气体和辐射，它们以垂直于银盘的两个方向向外太空喷薄而出。2010年，围绕地球轨道飞行的γ射线探测器发现了这次大爆发的产物——两个γ射线泡，它们在银心上下两侧各延展了2.5万光年。在那附近，天文学家还探测到了以极高的速度被吹向太空的高密度氢气云。与银河系的年龄相比，600万年只是转瞬之间，没人知道人马座A*将在何时享用它的下一顿美餐。

近年来，全世界的射电天文学家们正在齐心协力，努力为银河系中心的这个超大质量黑洞拍摄"美照"。[1]科学家们将位于欧洲、美国大陆、墨西哥、夏威夷、智利和南极的射电望远镜联合起来，以求达到最佳的图片分辨率。幸运的话，这个虚拟的事件视界望远镜（Event Horizon Telescope，EHT）可以真正地拍出人马座A*的事件视界。对于身处20世纪50年代初的扬·奥尔特来说，这样的魄力、这样的目标、这样的成果，只能出现在梦中。

感谢大型光学望远镜和射电望远镜的发展，当然也要感谢X射线和γ射线观测领域的技术革新，使我们对银河系的认知在过去几十年里以难以想象的速度突飞猛进。当然，银河系之谜还没有全部解开，应该说还远远没有解开。但即使我们只能从内部观察它，它依然是我们能探测到的数以千亿计的星系中最为了解的一个——因为它是我们的宇宙家园。

I银河"大泡泡"

美国费米γ射线空间望远镜（Fermi Gamma-ray Space Telescope）于2010年发现，在银河系中心的上方和下方各有一个直径达2.5万光年的巨型高能γ射线泡。大约600万年前，银河系中心黑洞人马座A*在吞噬大质量物质时产生了强烈爆发，这两个泡泡应该就是那次爆发的产物。

---

[1] 事件视界望远镜的观测工作起始于2006年。2012年时，各国天文学家在美国举行了第一次工作会议，确立了该项目的科学目标、技术计划和组织架构。2019年4月10日，该项目组发布了第一项重大成果——人类有史以来第一张黑洞照片（M87星系中心黑洞）。而另一项目目标——人马座A*的照片在本书出版时仍未发布。——译者注

"勘测"银河系

公元前2世纪,古希腊天文学家喜帕恰斯(Hipparchus)编排出西方世界的第一套星表,表中列出了当时夜空中至少850颗恒星的位置和亮度。今天,欧洲航天局的盖亚空间望远镜(Gaia Space Telescope)正在从事着更加细致的工作——它要确定银河系中10亿颗恒星的位置,并对其中的若干亿颗进行距离、空间运动、颜色和亮度的测量。

盖亚空间望远镜能够非常精确地测定恒星的位置,甚至能捕捉到恒星身边的行星对其造成的微小扰动。此外,盖亚空间望远镜还能观测小行星、冰矮星[①]、彗星、变星、超新星、星系和类星体。银河系从未如此清晰地展现在人类眼前。这些数据将被制成银河系的三维地图。盖亚空间望远镜于2013年底开始工作。[②]

[①] 比一般彗星的彗核大并比小行星拥有更多冰的天体。——译者注

[②] 到本书出版时,盖亚空间望远镜的测量任务仍在进行中。

——译者注

| 挤满"恒星宝宝"的星云

刚刚诞生的大质量恒星们在尘埃中半遮半掩，它们发出的紫外辐射照亮了周围的星云。这样的壮丽景象上演在大麦哲伦星系内的恒星形成区N159（又名"蝴蝶星云"）中。大麦哲伦星系是距离地球大约16万光年的一个小型星系。N159的直径为150光年。

河外近邻

Kosmische Nachbarn

麦哲伦星系

生活在伊斯法罕的阿卜杜勒－拉赫曼·苏菲（Abd ar-Rahman as-Sufi）[1]并未亲眼见过那块模糊的光斑。作为一名穆斯林天文学家，他为当时波斯布韦希王朝的统治者阿杜德·道莱（Adud ad-Daula）工作。伊斯法罕是波斯重镇，位于北纬32度，当今伊朗首都德黑兰以南约350千米处，那里看不到大部分南天星空，大麦哲伦云也从未升起在地平线上。然而，苏菲听出海归来的海员说过，船只航行在阿拉伯海上时，他们看见繁星间有一块淡淡的白色光斑低悬在南方地平线之上。公元964年，苏菲出版了著作——《恒星之书》，在这本配有精美插图的书中，他将这块光斑描述为"al-Baqar al-abyad"（意为"白色的公牛"）。

历史长河中，这块模糊的光斑和它的小伙伴一定也曾引起过远古人类的注意。但是随着几十万年前智人走出非洲遍布世界各地，关于两块光斑的最早传说也遗失了。后来，南美洲、非洲、东南亚和澳大利亚的土著居民们各自为这两片"飘落在银河之外的轻纱"创造了属于自己的神话故事。而巴比伦人、古埃及人、古希腊人和波斯人则对这两块光斑一无所知。16世纪初，葡萄牙探险家斐迪南·麦哲伦（Fernão de Magalhães）进行了人类历史上首次环球航行，他很可能也不知道苏菲的这本书。1519年，麦哲伦率领265名船员驾着5艘帆船从西班牙塞维利亚港出发，一路向西。三年后，整个船队只有维多利亚号从东方返回，船上载着18名幸存者，其中一位就是意大利籍船员安东尼奥·皮加费塔（Antonio Pigafetta），他的日记首次记载了西方人对南天两块光斑的观测。

▌麦哲伦桥

相距几万光年的大、小麦哲伦星系被一座由恒星（照片中难以辨认）和中性氢气构成的薄薄的"桥"连接起来。氢气的分布在这张射电望远镜照片中呈现为蓝色。这条又名"麦哲伦星流"的气体流很可能是由星系间的潮汐力造成的。

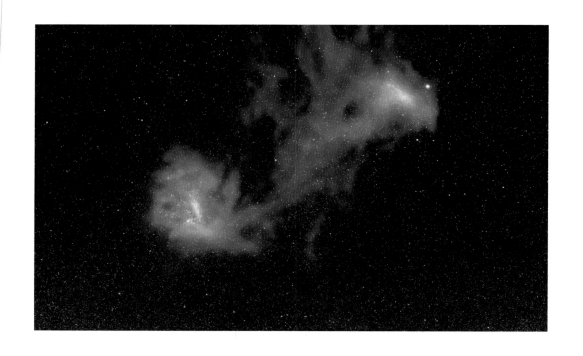

---

① 括号内为德语名。又译作阿布德·热哈曼·阿尔苏飞。——译者注

南天瑰宝

北半球大部分地区的居民无法看到大、小麦哲伦星系。但对南半球的居民来说，它们就像大熊座之于北半球的我们。从这张照片中可以看到，在智利北部海拔5000米的高山上，银河系的这两个小小的伴星系①就悬于阿塔卡马大型毫米波/亚毫米波阵列的上空。

① 又叫卫星星系，指受引力影响而环绕另一个大星系旋转的星系。——译者注

银河系的小伙伴

大麦哲伦星系的直径是我们银河系的1/7。天文学家推测它可能曾是一个棒旋星系，但在银河系的潮汐力作用下发生了变形。在星系的上缘有一片极为明亮的恒星形成区，人称"蜘蛛星云"[1]。这张美丽的大麦哲伦星系全景照片由数码相机搭配望远镜镜头拍摄而成。

[1] 也有译作"狼蛛星云"者。——译者注

1603 年，德国天文学家约翰·拜耳（Johann Bayer）在他编著的著名星图《测天图》（Uranometria）[1]中收录了这两块光斑，并命名为"大云"和"小云"。后来，荷兰水手们以好望角之名称它们为"好望角云"，今天的人们则称它们为"麦哲伦云"。对生活在热带地区和南半球的居民来说，这两块光斑是如此平常的景象，就像我们北半球的居民对大熊座和北极星无比稔熟一样。

时间来到 19 世纪，欧洲和北美洲的天文学家带着他们的望远镜来到南半球，他们惊讶地发现麦哲伦云并不是人们原先以为的星云，而是和银河系一样由无数恒星组成的星系。不过在那个时代，人们显然认为银河系只有这两个同类。"我们的宇宙包含有上千亿个星系"，这一认知直到 20 世纪初才得到人们的普遍接受。

今天我们知道，大麦哲伦星系可能曾是一个小型棒旋星系，现在已经严重变形。它有一个狭长的中心区域，直径大约 1.4 万光年，是银河系直径的 1/7。它的内部可能含有几百亿颗恒星。它距离地球大约 16.3 万光年。

小麦哲伦星系离我们更远一些，大约有 20 万光年之遥。它的大小是"姐姐"大麦哲伦星系的一半。借助高灵敏度的望远镜，天文学家发现这两个星系之间存在着一条长长的、由暗弱恒星组成的"桥"，并且这两个星系都被成分稀薄但体积庞大的氢气云包裹着。这一切都表明，这两个星系正在承受着来自对方以及银河系的强大潮汐力，这使它们缓慢但必然地被撕裂并被银河系吞并。

天文学家对麦哲伦星系中恒星发出的星光进行了详细的光谱分析，结果表明，它们的重元素含量远低于银河系恒星。如此看来，这两个小型的、形状不规则的星系与宇宙大爆炸后诞生的第一代星系非常相似。这种星系内部几乎只含有自然界中最轻的两种元素——氢和氦。而在像银河系这样的大型星系中，由于受到老一代恒星的核聚变产物（碳、氧、硫等）的"污染"，星系的化学成分早已改变。

[1] 又名《拜耳星图》。——译者注

恒星诞生之地

通过天文望远镜我们可以观测到，大麦哲伦星系中包含着无数的"恒星育婴室"——那里是新的恒星诞生的地方。本图上部的大星云叫"蜘蛛星云"，它的内部蕴藏着几十万颗年轻的恒星。蜘蛛星云左下方三个红色发光的恒星形成区分别为N158、N160和N159。

这两个小星系中也有新的恒星不断形成。大麦哲伦星系甚至拥有银河系周边很大范围内最大、最活跃的恒星形成区——蜘蛛星云。从这个星云的名字可以看出，其向外伸出的细长云气丝就像巨型蜘蛛的腿。蜘蛛星云的直径至少有 600 光年，尽管距离地球很遥远，但因为它是那么庞大而明亮，所以从地球上观察它并非难事。如果把这座"造星工厂"放在银河系中猎户座大星云的位置，它将在天空中占据比整个猎户座还要大的面积，整个夜空都会被它点亮。据天文学家估测，蜘蛛星云中最大的星团 NGC 2070 可能包含有近 50 万颗年幼的恒星，大量不到 200 万岁的超大质量恒星密集地分布在这个星团的最深处。

天体 R136（"R"代表拉德克利夫天文台[①]）最初被天文学家认为是一颗大质量恒星，随着大型的地面和空间望远镜的分辨能力越来越强，现在我们知道，它其实是一个直径不足 30 光年、由几百颗恒星密密麻麻挤在一起构成的星团，其中质量最大的恒星 R136a1 大约有 300 个太阳那么重，是天文学家迄今为止发现的质量最大的恒星。但是在不久的将来，它将在猛烈的超新星爆发中结束自己短暂的一生。这样的命运也将降临在星团中其他大质量恒星的身上。

而在大麦哲伦星系的其他地方，有些更老的恒星已经发生过超新星爆发。最近的一次超新星爆发发生在 1987 年 2 月，地点在蜘蛛星云的边缘。这是有史以来被人类观察得最为详尽的一次恒星爆发。那时从地球上可以轻易地用肉眼看到该颗超新星——1987A。"白色公牛"中的星星再次在绚烂中灭亡，只是一个时间问题。

与大麦哲伦星系相比，小麦哲伦星系显得平凡很多：它规模小（同时也更远），恒星数量少，重元素含量低，恒星形成区小而不活跃。不过，天文学家在小麦哲伦星系中发现了更多的中子星，它们是恒星爆发后留下的高速旋转的残骸。小麦哲伦星系还拥有更多 X 射线双星——这种天体系统由一颗致密星（中子星或黑洞）和一颗光学恒星组成。

|大块头男孩

这张由哈勃空间望远镜拍摄的照片，其中的蓝色恒星都属于疏散星团 NGC 2070。在星团中心，有一颗目前已知的全宇宙质量最大的恒星 R136a1，它大约有300个太阳那么重。很可能是因为大麦哲伦星系的气体云中重元素含量较低导致了这种巨型恒星的形成。

┃恒星"胚胎"

NGC 346是小麦哲伦星系中的一个恒星形成区。在这片区域，除了气体云、尘埃带和年轻的巨型恒星外，哈勃空间望远镜还观测到了一些刚刚诞生的原恒星，它们内部的氢核聚变反应刚刚开启。部分原恒星的质量只有太阳的一半。

邻家小妹

距地球约20万光年的小麦哲伦星系比它"姐姐"低调得多，然而其中也有大量的恒星形成区。在本张照片上缘，你可以看到巨大的球状星团杜鹃座47（NGC 104），它虽然看上去靠近小麦哲伦星系，但其实是银河系的成员，距离地球只有约1.5万光年。

很显然，这两个星系经历了截然不同的演化过程。人类对小麦哲伦星系的认识开始于20世纪初。那时，美国天文学家亨丽爱塔·斯万·勒维特（Henrietta Swan Leavitt）对这个星系中的变星展开了研究。勒维特发现，某一类变星（也就是所谓的"造父变星"）的亮度变化周期与恒星的实际光度密切相关。这个"周光关系"是后来的人们确定天体距离的基础：如果已知一颗造父变星的光变周期，就可以根据它的视星等（这颗恒星在夜空中的亮度观测值）推导出其与地球的距离。

大、小麦哲伦星系是宇宙中银河系最近的邻居，它们和银河系中心都是天文学家最宝贵的研究对象。天文学家喜欢将最新的大型天文望远镜架设在南半球不是没有道理的，那里的观测总能带来令人震撼的成果。

哈勃空间望远镜的精确测量表明，银河系的这两个伴星系正在以比人类想象中更快的速度远离银河系。也许有一天，它们将挣脱银河系的引力束缚。如果"大云"和"小云"与银河系的近距离邂逅只有一次，如果它们只是茫茫宇宙中与我们擦肩而过的路人，并不是银河系永久的伙伴，那么今天的我们应该庆幸于亲眼见证了它们的来访，并从这场相逢中获益良多。

仙女星系

那是一个清冷的、没有月光的秋夜，我远离人群聚集区，远离现代文明带来的令人讨厌的光污染，沉醉于那样一片星空下：北方地平线的上空，大熊座低悬，其中几颗最亮的星组成了著名的北斗七星；西边天上，曾于夏夜里熠熠生辉的天津四和织女星此时仍然看得到；东方天际，属于冬季星座的金牛座、双子座和猎户座刚刚浮出地平线；银河宛如一条云带横跨东西，穿越整个天穹；W形的仙后座高高挂在银河的正中。而我，在它的南方天空中寻找着仙女星系。

我知道自己应该把目光投向哪里：从秋季四边形[1]的左上角出发，向左两颗星，再向上两颗星，然后就看到它了——夜空中一片小而朦胧的光斑。当我把目光在它周围睃巡几下，再回过来凝视它时，它会显得更明亮一些。借助双筒望远镜，它的样子会更加清晰：一片狭长的光斑，中心特别明亮。我当然看过大型天文望远镜拍摄的仙女星系的照片。相比之下，这片光斑实在太不起眼了。

然而，与表象相反的令人震撼的事实是，这片光斑的微弱星光发自约250万年前。映在我眼中的这片光斑，其实是另外一个星系，是我们银河系的"大姐"。在很久以前，仙女星系就被人类所知，波斯天文学家苏菲就曾描述过它的存在。天文望远镜发明后，它一直是天文观测的重要目标。

这片神秘的、有着美丽对称旋涡结构的光斑到底是什么？它会是一片旋转着的、不断涌现出新生恒星的气体云吗？它与人类在18世纪和19世纪发现的其他旋涡星云是同一类天体吗？它到底有多大、离我们有多远？

1885年，人们曾观测到这片光斑中有一颗星星突然亮起，但不在光斑的中央。它是所谓的"新星"（Nova）[2]吗？如果它是一颗新生的恒星，根据其视亮度，它所在的星云应该位于银河系内，很可能是一个正在形成的星团。但是后面发现的新生恒星都比它暗弱得多，这该如何解释呢？如果这颗星的明亮源于新星爆发，那么这片"星云"必然离我们非常遥远，这次爆发的能量应该十分巨大。我们该如何找出这背后的真相呢？

▌尘埃密布的仙女星系全景图

3000余张红外照片拼接在一起组成了这张仙女星系的全景图。照片由NASA斯皮策空间望远镜拍摄。照片中的红色部分为红外波段（热辐射）下的星系尘埃，蓝色则显示该处分布有老年恒星。

---

① 秋季星空中由飞马座的三颗亮星（α、β、γ）和仙女座的一颗亮星（α）构成的醒目四边形。——译者注

② 早期天文观测者给那些突然出现在夜空中的恒星起名叫"新星"，后来人们又将亮度在非常短的时间内发生巨大变化的恒星叫新星。现代天文学认为，新星是表面发生爆炸的白矮星。——译者注

银河系的
"仙女姐姐"

仙女星系是距离银河系最近的大型星系，是银河系的"姐姐星系"。从地球上看过去，我们看到的是它旋涡结构的斜侧面。仙女星系比银河系大而重，拥有更多的恒星。尽管它距离地球有约250万光年之遥，但我们依然可以在清朗的秋季夜晚用肉眼看到它——一个小小的、狭长的光斑。

| 置身于仙女星系中

这张由多张哈勃空间望远镜拍摄的照片拼接而成的仙女星系图包含上亿颗恒星和数千个星团。它是哈勃空间望远镜当时所能拍摄的最为清晰的照片。照片左下角是星系的中心，右部是它的主要旋臂之一。这张照片的覆盖范围约为6万光年。

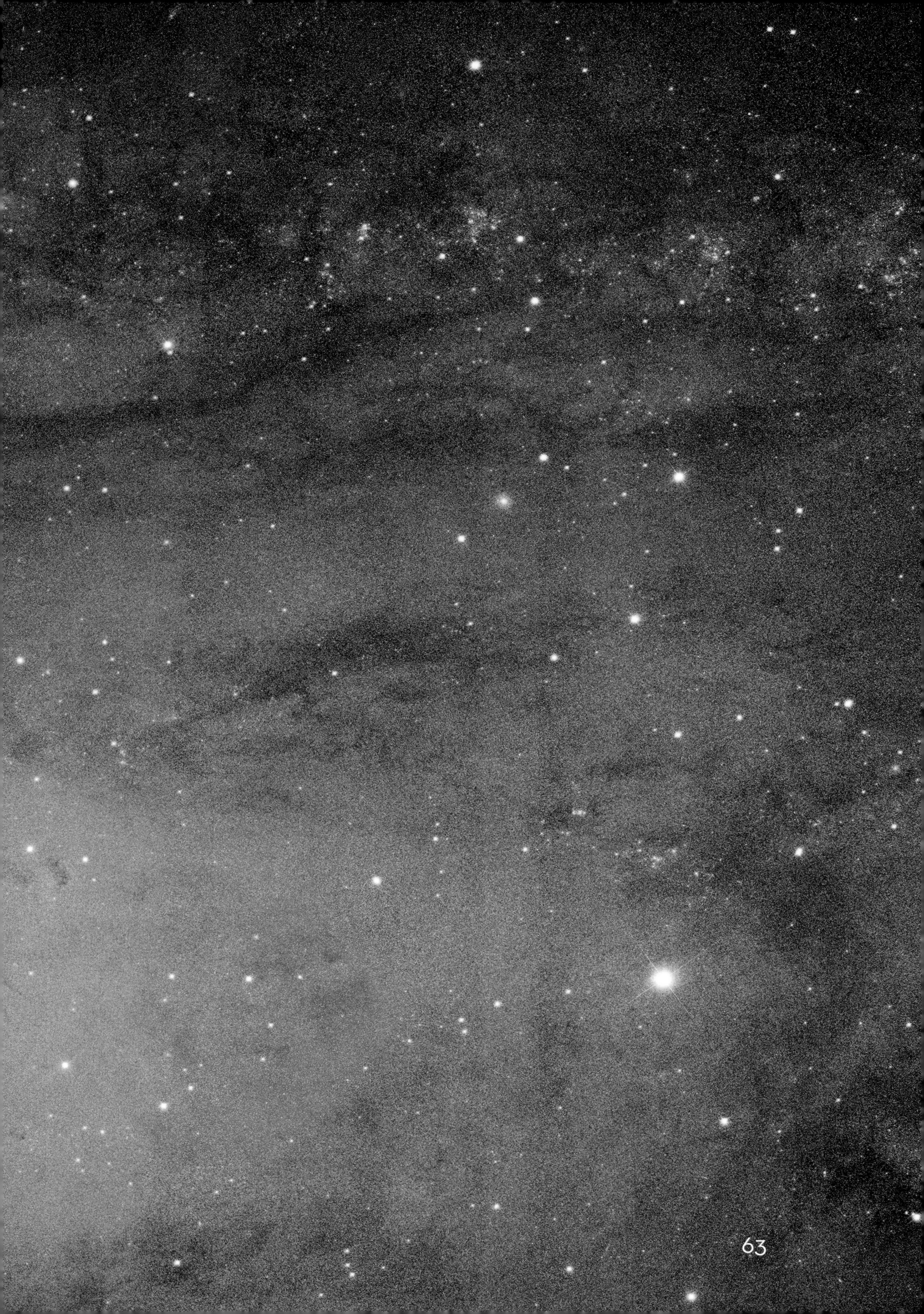

被黑洞加速的恒星们

在仙女星系的椭圆伴星系之一——M32的中心深处，哈勃空间望远镜拍摄到了数千颗明亮的蓝色恒星。根据这些恒星围绕星系中心移动的速度，天文学家推测M32的中心必定存在一个超大质量黑洞，其质量是太阳的几百万倍。

　　天体距离的测定是天文学研究的经典问题。测量那些离太阳较近的恒星与地球之间的距离并不难。这些恒星在天空中会发生以年为周期的、微小但可见的位置变化，这种变化（即视差）是由地球绕太阳公转引起的。根据视差的大小，我们可以直接推导出恒星与地球的距离。可惜这个方法的适用范围很小，只能测准离我们比较近的那些恒星距离我们有多远。

　　距离地球较远的天体与地球之间的距离则需要采取其他方法来确定。20 世纪初，没人能想象人类可以确定一块模糊星云离我们有多远。然而就在 20 世纪 20 年代初，这个问题却在对"仙女座星云"的观测上取得了突破。借助于洛杉矶附近威尔逊山上那架 2.5 米口径的胡克望远镜（Hooker Telescope），美国天文学家埃德温·哈勃（Edwin Hubble）成功观察到仙女星系中的单颗恒星。原来所谓的"仙女座星云"是一个完整的星系，一个与我

们的银河系类似的"宇宙岛"（哈勃语）——这个观点很快征服了所有人。所以，如今我们更喜欢称这块光斑为"仙女星系"，而不再是"仙女座星云"了。

　　哈勃在仙女星系中发现了一颗造父变星，这是一颗亮度会发生周期性变化的恒星。利用这颗星，哈勃确定了仙女星系到地球的距离。而早在 10 年前，亨丽爱塔·斯万·勒维特已发现造父变星的亮度变化规律（光变周期）与其光度（绝对星等）之间存在关联。

　　哈勃测量了那颗造父变星的光变周期，也就是该恒星亮度变化一个周期所需的时间。根据勒维特发现的周光关系，哈勃得到了该恒星的实际光度。将这个数值与我们在地球上观测到的该恒星的亮度（视亮度）做比较，不难计算出它到地球的距离。于是今天的我们知道了，仙女星系距离地球有约 250 万光年远。

炽热的圆环

紫外波段下拍摄的照片能清晰地显示出仙女星系的环状结构，这个结构在红外波段也能被观测到。高能的紫外辐射主要来自年轻而炽热的恒星。孕育着新生恒星的尘埃云在这张照片中也有呈现。本图由NASA的星系演化探测器（Galaxy Evolution Explorer，GALEX）所拍摄的11张照片合成而来。

安静的伙伴

仙女星系的另一个椭圆伴星系的编号为M110或NGC 205，它的直径大约为1.5万光年，与围绕银河系的麦哲伦星系大小相仿。在这张由奥地利天文爱好者拍摄的照片中，我们能看到黑暗的尘埃区。该星系拥有许多年轻的恒星。

仙女星系比银河系大，而且拥有更多的恒星（至少1万亿颗）。它像银河系一样拥有闪耀的星团、发光的气体云、黑暗的尘埃云、活跃的恒星形成区、古老的球状星团、飞速旋转的中子星，以及行星状星云和超新星遗迹。它是宇宙中与我们相距最近的大型星系，是银河系最近的成年邻居。

从地球上观测仙女星系，我们看到的是它的斜侧面，因此，双筒望远镜中的它呈一个狭长的椭圆形。并且由于是从侧面观察，所以星光被星系盘内的尘埃云大幅度消减了。这对我们来说是一大憾事，因为如果能从正面观察仙女星系，那呈现在我们眼前的一定是无比壮丽的景象：在银河系熠熠生辉的前景群星中，镶嵌着一个明亮的、云雾状的星之旋涡。

如果那样的话，我们也会更早地发现，在这个星系内（准确地说，是在它那美丽的旋臂部位）有一个由亮星云和年轻恒星构成的巨大圆环。普通光学望远镜很难辨认出这个结构，但在紫外和红外波段，这个圆环清晰可见。

近年来，天文学家还发现，在仙女星系内靠近中心的地方有一圈由尘埃构成的小环，并且整个星系盘薄而微微翘曲。根据这些结构特征，我们几乎可以断定，在几十亿年前，仙女星系曾与另外一个小型星系（很可能是它的两个椭圆伴星系之一）发生过碰撞。说到伴星系，仙女星系也显示出与银河系的相似之处——它也拥有两个相对较大的伴星系。

仙女星系的中心是什么样呢？那里也存在一个类似于人马座A*那样的超大质量黑洞吗？是的，而且这个黑洞比银河系中心黑洞的质量要大得多——它有大约1亿个太阳那么

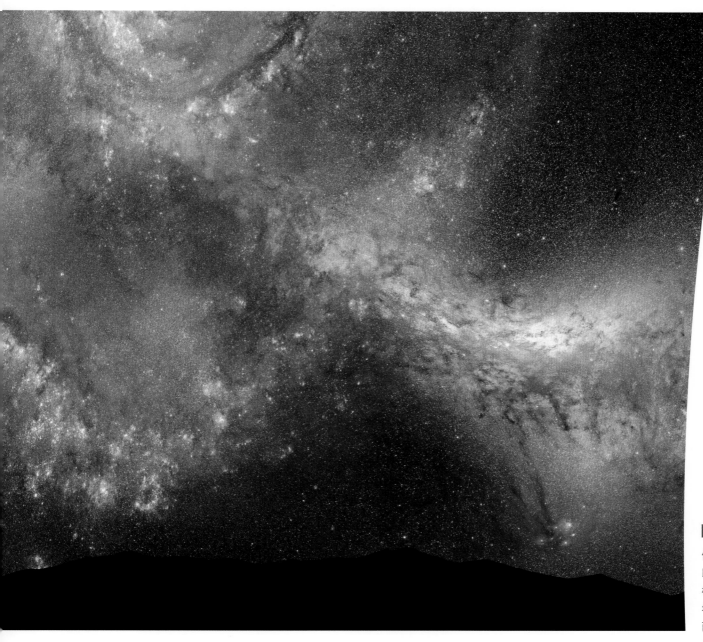

重。另外，在距仙女星系中心黑洞仅 5 光年的地方，科学家发现了一个明亮的"星系核"——它很可能是一个被黑洞的引力牢牢束缚在轨道上的、由气体和恒星组成的巨型星团。

哈勃空间望远镜的视野很小，单张照片根本容纳不下我们这个体形庞大的邻居星系。近年来，哈勃空间望远镜拍摄了大量仙女星系的局部照片，天文学家把它们拼接成巨大的全景照片。如果将近年来哈勃空间望远镜拍摄的高分辨率照片与多年前的照片进行比较，我们甚至能够测量出其中的恒星在天空中的微小位移。换句话说，我们观测到仙女星系的位置在随着时间悄悄地改变。

这些精细测量对于确定星系在空间中的运动非常重要。通过研究仙女星系中恒星的运动，天文学家发现这个星系正以每秒 110 千米的速度向银河系靠近。该星系这个侧向运动的发现时间就在不久前。现在可以确定的是，两大星系将在遥远的未来相撞。四五十亿年后，仙女星系将与银河系并合，形成一个巨大的椭圆星系，这个新星系已被人们命名为"银河仙女系"（Milkomeda）。

所以，当我想象自己穿越到几十亿年后又一个清朗的秋夜，又一次走出家门仰望星空，我应该会看到，当年那个狭长的小小光斑已经扩大为一个恐怖的巨大旋涡，覆盖住半个星空。由于星系间的引力作用，两个星系都在扭曲着、变形着。气体云激荡交汇的地方，千万颗闪亮的新生恒星相继涌现。这时大熊座和仙后座已经无迹可寻，人类极可能也已经不复存在——我们的后世化为历史，我们的存在雁过无痕。

一个全新的篇章开启了。

三角星系

三角星系位于三角座内。一个三角星系位于三角座内星座名叫"三角"？这听起来像个玩笑。因为天空中有那么多星星，人们可以画出无数个假想的三角形。并且，大熊座、猎户座、人马座、南十字座——这些星座的名字大家都耳熟能详，可是，有谁听过"三角座"？

然而，这个小小的星座已经得名几千年了。虽然它看上去毫不起眼，却在古希腊时期就受到了人们的高度关注。公元2世纪，定居在埃及亚历山大的希腊裔天文学家克罗狄斯·托勒密（Claudius Ptolemy）就把它编入其划定的48星座中。虽然托勒密48星座中的大星座——南船座，如今已经被分成船底座、船帆座和船尾座三个小星座，但今天的人们对这48个星座的名字并不陌生。三角座是一个由多颗恒星组成的狭长的小三角形星座，位于仙女座和白羊座之间。三角座和仙女座一样，在秋季的星空中最容易被观察到。

第二大恒星诞生地

三角星系的一条旋臂内有一个非常引人注目的恒星形成区——NGC 604，它是一团巨大的气体和尘埃云，几百万年来，不断有新生恒星诞生于其中。NGC 604是除大麦哲伦星系的蜘蛛星云外，本星系群中的第二大恒星形成区。

三角星系射电图像

荷兰和美国的天文学家通过射电望远镜测定了三角星系内低温氢气云的分布。这些冰冷、黑暗的气体用普通光学望远镜无法识别。图像的蓝紫色部分代表射电辐射。从图中可以清楚地看到，这个星系的旋臂范围远超人们最初的猜测。

闪亮的旋臂

直径达6万光年的三角星系（M33）比银河系和仙女星系小一些。它的这张全景照片由架设在智利北部的欧洲南方天文台的VLT巡天望远镜（VLT Survey Telescope, VST）拍摄。整个星系在照片中熠熠生辉，旋臂部位的玫瑰色光斑是活跃的恒星形成区。最明亮的那块星云就是NGC 604。

71

与仙女星系一样，三角星系也是根据其所在星座命名的。托勒密是否亲眼见过这片非常暗弱的小光斑，我们无从知晓。只凭肉眼观测的话，除非视力极好、身处完全黑暗的环境中并且知道该星系所在的确切位置，否则你是无法在夜空中找到它的。想想它距离地球有约300万光年远，也就是约 $2.84×10^{19}$ 千米，真的令人心潮激荡。透过双筒望远镜我们可以获得更清楚的图像，虽然也不过是一块基本为圆形的朦胧光斑。

三角星系被编号为M33，这表明它是《梅西耶星表》的第33号天体。《梅西耶星表》是法国天文学家查尔斯·梅西耶（Charles Messier）于18世纪下半叶编写的一份星云、星团列表，因此，其中的天体都被冠以字母"M"。

当年，梅西耶带着一架10厘米口径的小型望远镜，离开巴黎市中心去寻找彗星。彗星在天空中看起来也是暗弱模糊的光斑，但它们会在恒星间缓慢地移动。为了更好地确定哪些是新发现的彗星，梅西耶决定将天空中那些"静止不动"的光斑编录成表。最终，一份包含有103个天体的《梅西耶星表》于1781年发表（后人又增补了7个[1]，比如仙女星系的伴星系之一M110）。我们在本书中介绍的许多天体都拥有梅西耶编号，如仙女星系的梅西耶编号为M31，猎户座大星云的梅西耶编号为M42，鹰状星云的梅西耶编号为M16，蟹状星云的梅西耶编号为M1，昴星团（金牛座中著名的疏散星团）的梅西耶编号为M45，还有我们在前文中介绍过的球状星团，它的梅西耶编号为M92。所有梅西耶天体都可以通过小型业余望远镜观察到。

《梅西耶星表》第三版发布后的一个世纪里，天文学家的观测设备越来越强大，对星表的详细程度也有了更高的要求。1888年，丹麦裔爱尔兰天文学家约翰·德雷尔（John Dreyer）发表了他的《星云和星团新总表》（New General Catalogue，NGC），表中收录了数千个天体。本书前文也提到了若干带有"NGC"字样的天体名称。梅西耶天体当然也都包含在《星云和星团新总表》中，其中，仙女星系（M31）编号为NGC 224，三角星系（M33）编号为NGC 598。

三角星系是一个与仙女星系和银河系类似的旋涡星系，只是小一些。它直径约6万光年，估测拥有1000亿颗恒星，相当于银河系恒星数量的1/4。从地球上看过去，三角星系位于仙女座的斜后方。

这两个星系相距约50万光年，三角星系很可能是仙女星系的伴星系。与大麦哲伦星系和小麦哲伦星系一样，这两个星系之间也有一个由稀薄的气体和少量的恒星构成的"桥"。有证据表明，几十亿年前，三角星系曾以很近的距离与仙女星系擦肩而过。

今天的人们对这些说法不再感到大惊小怪。一百年前则完全不同。荷兰裔美国天文学家阿德里安·范·马南（Adriaan van Maanen）到20世纪20年代初时仍然坚信，像M31和M33这样的"旋涡星云"是银河系中的气体旋涡。而且他知道如何证明自己观点的正确性。1911年，范·马南在荷兰乌得勒支大学获得博士学位，他的研究课题是恒星的自行运动，具体来说就是由于恒星在宇宙空间里的运动引起的其在天空中的微小位移。1912年，范·马南获得了在威尔逊山天文台（Mount Wilson Observatory，位于美国加利福尼亚州）工作的机会，他决定对几个所谓"旋涡星云"中的暗弱恒星进行类似测量，其中就包括M33。

范·马南比较了间隔多年拍摄的天文照片，尽可能精确地测量了一系列明亮恒星的位置。他提出，这些旋涡星云在以非常缓慢的速度自转，自转周期大约为10万年。如果像许多天文学家认为的那样，这些星云远在银河系之外，那么其中的恒星应该以接近光速的速度绕着星云中心运动。所以唯一可能的结论是，这些星云必定是银河系的一部分，离我们很近，只有这样，才能实现他测得的自转周期。

今天我们知道，范·马南错了。这些旋涡星云确实在自转，但它们的自转周期不是10万年，而是几亿年。2005年，射电天文学家首次成功测定M33中恒星的自行运动幅度，它们在一年中移动的视距离不足30微角秒。这个移动的细微程度，相当于人用肉眼去分辨500千米外的一根头发丝。范·马南作为天文观测者一直以严谨著称，他为什么在这个问题上大错特错，实在令人不解，也许这只是他的一厢情愿。

[1] 这7个天体其实是由梅西耶和他的朋友皮埃尔·梅香（Pierre Méchain）发现的，但直到1921—1966年间才陆续由后人在梅西耶的笔记、手稿和信件中发现并编入《梅西耶星表》。——译者注

一山不容多虎

在大型恒星形成区NGC 604的中心，数百颗炽热的新生恒星正闪耀着光芒，它们辐射出的高能恒星风将大片气体和尘埃云吹向太空，从而抑制了自身周围更多新生恒星的形成。这与我们银河系中猎户座大星云的情况非常相似。猎户座大星云是离地球最近的恒星形成区，它的中心只有四颗炽热的巨型恒星。

炽热而稀薄

以猛烈的恒星风和超新星爆发的形式，位于NGC 604中心的恒星将大量炽热的气体吹向太空。这些气体虽然稀薄，但温度高达几百万摄氏度，放射出高能的X射线。在这张由美国钱德拉X射线望远镜（Chandra X-ray Observatory, CXO）拍摄的假彩色成像照片上，X射线辐射呈现为蓝色。

与银河系和仙女星系一样，三角星系的旋臂中也含有大量气体和尘埃云，那里是新生恒星的诞生地。其中最大、最明亮的恒星形成区就是 NGC 604，它是如此显眼，以至于在 NGC 天体列表中拥有自己的一席之地。它是银河系周邻中除大麦哲伦星系的蜘蛛星云外最大、最活跃的恒星形成区，它的中心也有一个庞大的年轻星团。

尽管尺寸不算大，但三角星系与它的两个"大块头"邻居——仙女星系和银河系有许多相似之处。不过，它有一个重要特征与两个邻居明显不同：天文学家通过对三角星系中心的恒星运动速度进行测量，发现该星系中心没有超大质量黑洞的存在。该星系中心释放着大量高能 X 射线，如果这种辐射发自黑洞附近，那么这个黑洞的质量不会超过 1 万倍的太阳质量。近年来的研究表明，宇宙中几乎每个星系都拥有一个超大质量黑洞，所以三角星系的这个特征非常值得关注。

但是，在三角星系中，小质量黑洞和超新星遗迹比比皆是。这些天体不断地从周围环境中吞吸气体，从而使天文学家们发现了它们的存在。在气体落入黑洞事件视界之前，它会先急剧升温并发出 X 射线。三角星系中有一个名为 M33 X-7 的 X 射线源，它的辐射信号每三天半就会消失一会儿，天文学家发现，原来它是一个 15 倍于太阳质量的黑洞，这个黑洞绕着一颗巨型恒星运行，每绕一圈都会被恒星挡住，短暂地失去信号。

仙女星系、银河系和三角星系是本星系群中最大的三个星系。除了这三个旋涡星系，本星系群还拥有众多规模较小的矮星系，这些将在下一节进行讨论。顺便说一句，本星系群不是永恒不变的。我们前面说过，仙女星系和银河系将在几十亿年后相撞。三角星系则命运未卜，它可能卷入前两个星系的宇宙大碰撞，也可能继续以伴星系的身份围绕在新形成的银河仙女系身旁。

▌不可见的光

红外和紫外天文望远镜可以为我们呈现三角星系在可见光波段那些看不见或几乎看不见的细节。本张照片中，红色部分是散发着红外辐射的尘埃云，蓝绿色部分是散发着高能紫外辐射的年轻恒星。

75

卫星星系

仙女星系、银河系和三角星系这三个旋涡星系分布在范围达 $3×10^{19}$ 千米的广阔区域内。谁最先想到把这片区域称为"本星系群"的呢？这肯定是一位天文学家的创意，因为只有天文学家才不畏数字的巨大。与人类已观测到的宇宙范围相比，$3×10^{19}$ 千米也真的微不足道。

本星系群的"本"字名副其实：如果宇宙代表广阔的世界，仙女星系和三角星系就是与我们处于同一个城市群的其他城市。除了这些"大城市"，我们还在这个"城市群"里发现一些以前没注意到的"小村庄"。这些新发现的星系并非是银河系、仙女星系或三角星系这样的大型旋涡星系，而是一些小小的、不起眼的矮星系，这些星系通常拥有几十万颗或更少的恒星。它们像卫星一样，在距离某大型旋涡星系几十万光年的轨道上绕着该星系公转。

这些星系中的恒星一般来说也不是年轻而明亮的，我们需要借助灵敏度极高的天文望远镜才能发现这些由暗弱恒星组成的淡薄的光斑。大、小麦哲伦星系就是银河系的卫星星系，但它们比较大，比较明显。仙女星系的两个椭圆卫星星系规模也比较大。1937 年，美国天文学家哈洛·沙普利（Harlow Shapley）发现了银河系的第一个矮卫星星系——玉夫座矮星系。一年后，沙普利在天炉座中发现了另一个类似的矮星系。20 世纪 50 年代，又有四个这样的矮星系被发现，其中，两个在狮子座，一个在天龙座，一个在小熊座。到了 1977 年，天文学家在船底座中发现了第七个矮星系。一时间，所有人都在讨论银河系和它的七个"小矮人"——为了简化起见，麦哲伦星系并没有被算在"七矮人"中。

近些年来，天文学家还观测到另外一些不同于这些矮卫星星系的星系。20 世纪 60 年代，意大利天文学家保罗·马菲（Paolo Maffei）发现了两个被银河带遮蔽的大型旋涡星系。它们俩距离地球大约 1000 万光年，被命名为"马菲 1"（Maffei 1）和"马菲 2"（Maffei 2）。这两个星系之所以以前没有被发现，是因为它们被银河系中央浓厚的尘埃云挡得严严实实，只有在红外望远镜或射电望远镜的帮助下才能观察到。德文格洛 1（Dwingeloo 1）和德文格洛 2（Dwingeloo 2）也是被银河系的尘埃云遮蔽的星系，它们俩由德文格洛射电望远镜（位于荷兰德伦特省，口径 25 米）发现并由此得名。

上述四个星系并不是本星系群的成员，它们同属于宇宙中离本星系群最近的星系群——马菲星系群。但是，如果银河系的尘埃云能遮挡住这些大型星系，那么同样也会遮挡住很多离我们很近的矮星系。

银河系有一个被尘埃云遮挡的卫星星系叫"人马座矮椭球星系"（SagDEG）。从地球上看，它位于银河系中心后方大约 5 万光年处。球状星团 M54 就位于这个矮星系的中心，球状星团帕罗马 12（Palomar 12）和泰尔让 7（Terzan 7）也都起源于它。该矮星系在一个围绕着银河系的、与银河系盘面有很大夹角的椭圆形轨道上运行。因为受到银河系潮汐力的撕扯，它的轨道上散落着无数来自星系内部的暗弱恒星。这个矮星系将在未来几十亿年内瓦解。

类似的命运将降临于许多卫星星系头上，因为它们的成员恒星相距较远，星系一侧受到主星系的引力远强于另一侧，这些矮星系会被拉得越来越长，最终变成一条长长的星流。这种现象加大了我们对卫星星系的确认难度。

| 天炉座的"小矮人"

位于南天的天炉座矮星系是一个由暗弱的小恒星们组成的松散的恒星集合。这个矮星系作为银河系众多卫星星系之一，在 20 世纪 30 年代由美国天文学家哈洛·沙普利发现。它拥有几千万颗恒星和至少 6 个球状星团。

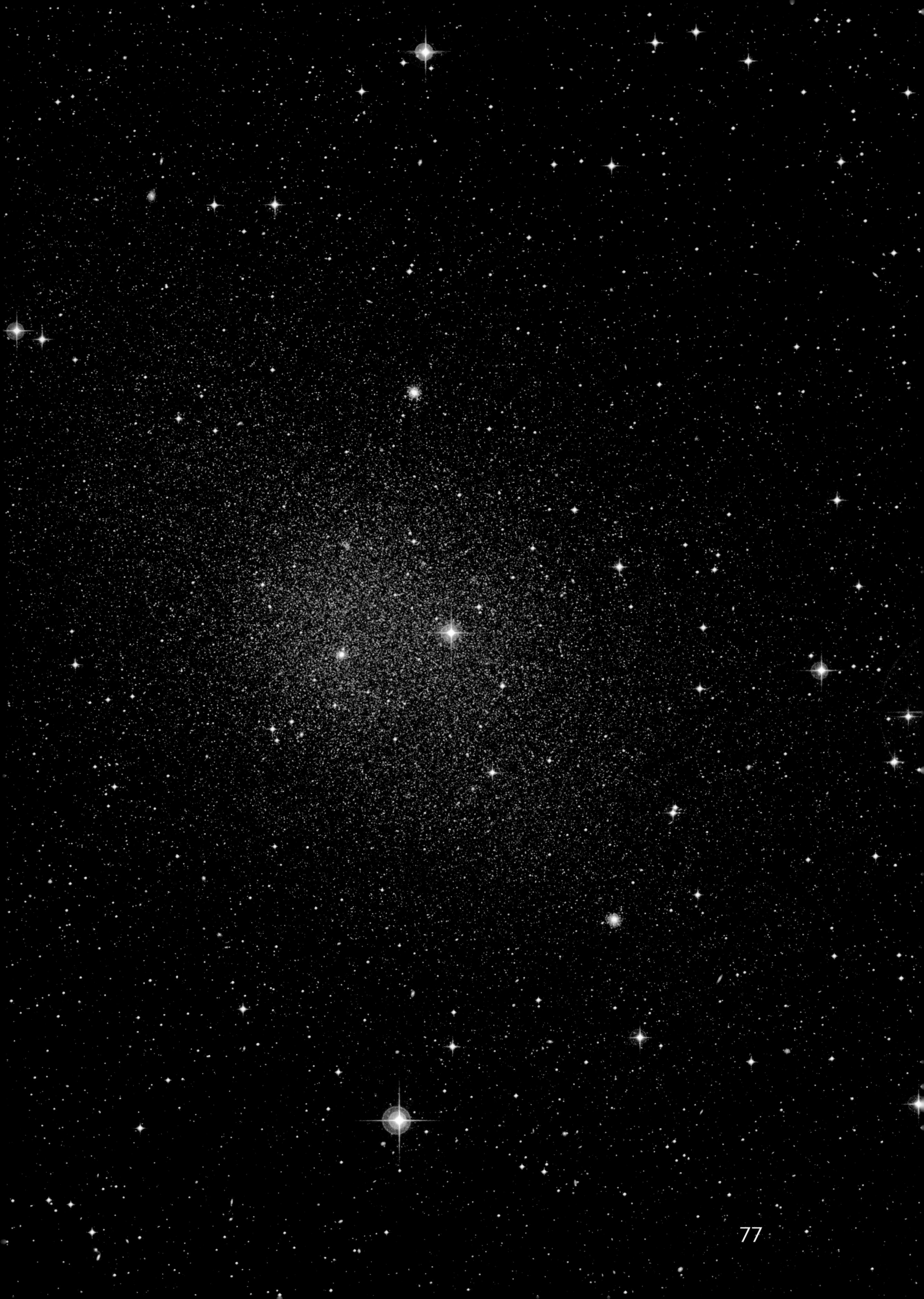

心灵星云

借助于红外天文望远镜，天文学家可以穿透银河系内具有消光效果的尘埃云进行观测。这张仙后座"心灵星云"（心脏星云IC 1805和灵魂星云IC 1848的合称）的照片由NASA广域红外线巡天探测卫星（Wide-field Infrared Survey Explorer，WISE）拍摄。照片下缘中部的两个蓝色旋涡星系分别为马菲1和马菲2，它们俩在普通光学望远镜中几乎不可见。

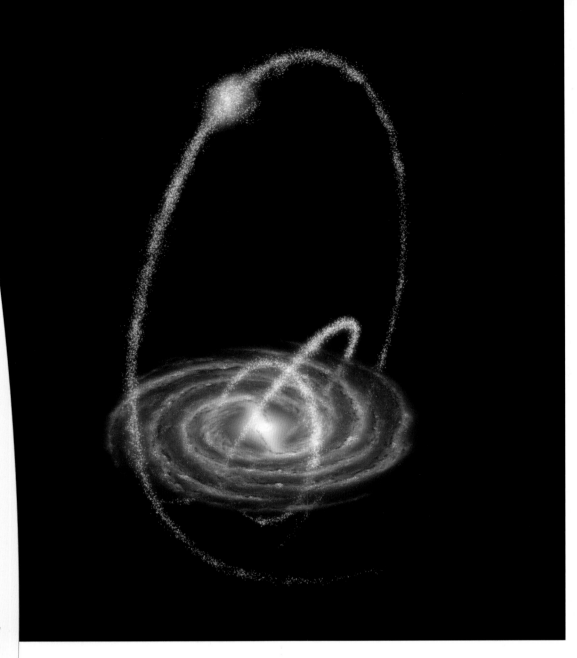

瓦解星飞

在环绕银河系的椭圆轨道上公转的矮星系和星团会逐渐被潮汐力扯碎。就像本图所示的那样，恒星们散落在轨道上形成长长的星流。人马座矮椭球星系就是这样渐渐被拉长，形成人马座星流的。

对于那些致密的恒星集合来说，潮汐力的影响并不大。恒星间的引力可以将它们彼此束缚在一起。比如人马座矮星系的一部分——球状星团 M54 是我们已知的最致密的球状星团之一，所以它能够抵御银河系破坏力极强的引力作用。而不太致密的球状星团帕罗马 12 和泰尔让 7 的抵抗能力要弱很多。

银河系中最大、最明亮的球状星团——半人马座 ω 实际上极可能是亿万年前被银河系拉扯并吞噬的一个矮星系的残余核心。该星团距离地球只有约 1.6 万光年远，直径约为 150 光年，包含将近 1000 万颗恒星，外观呈扁球状，这个形状对于该类天体来说很不寻常。并且，这个星团包含有不同世代的恒星。这两个特征不禁让人们猜测，半人马座 ω 并不是银河系早期形成的一个普通的球状星团，而是某个曾经的银河系卫星星系的核心部分。

自 20 世纪初以来，银河系不断有新的矮卫星星系被发现。如今的天文学家们无须再像哈洛·沙普利那样，拿着放大镜趴在长时间曝光拍摄出的摄影底板上逐个搜寻，而是通过大型自动化天文搜寻活动，比如"斯隆数字巡天"（Sloan Digital Sky Survey，SDSS）项目来探索宇宙。高灵敏度的数码相机将整个星空拍摄下来，然后特殊的计算机算法会检索所有测量数据以寻找有价值的图案和结构。

到目前为止，人类已经为银河系找到了大约 60 个卫星星系，并期望这个数字在未来继续增加。此外，天文学家正在逐步揭开星流的秘密，它们是那些被撕扯的矮星系的残迹。最早被发现的是人马座矮椭球星系的暗弱恒星所形成的巨大星流，类似的星流后来又陆续被发现了将近 20 个，这都得益于大型自动化巡天活动。同一星流内的恒星会以几乎相同的方向和速度穿过银河系，而且它们具有相似的化学组成，我们可以根据这些特征来判断星流的来源。

年轻的球状星团

从地球上看，球状星团泰尔让7位于银河系中心的后方。曾几何时，它属于人马座矮椭球星系。对该星团中单颗恒星的研究表明，这个星团只有80亿岁，比银河系其他球状星团要年轻得多。

超级 ω

半人马座 ω 是银河系中体积和质量最大并且最为明亮的球状星团。在南半球天空中，它是一个肉眼可见的朦胧的小小光斑。这个球状星团拥有数百万颗恒星。它很可能是某个矮星系被银河系撕扯和吞并后的残余核心。

▌模拟宇宙

天文学家使用超级计算机来模拟宇宙的演化和大型星系的形成过程。结果表明，像银河系这样的旋涡星系应该被成百上千的矮星系和暗物质团块所包围——这个数字比实际发现的要多得多。

当然，不只是银河系有众多矮星系陪伴。天文学家发现大约有 30 个矮卫星星系陪伴在仙女星系周围，只不过它们与主星系间的距离要远一些。天文学家还在仙女星系的外周发现了星流。可以说，宇宙中到处都有类似的场景：小的矮卫星星系在大型星系潮汐力的作用下缓慢但必然地被扯碎，最终成为大型星系的一部分。银河系或仙女星系这样的大型旋涡星系的规模扩张运动从未止歇。

在功能强大的超级计算机的帮助下，天文学家尝试模拟包括银河系在内的各星系的形成过程。这种模拟建立在对宇宙最新认知的基础上，比如暗物质的存在。暗物质是宇宙的神秘组成部分，我们将在后面的章节对其进行详细讨论。先进的计算机模拟技术可以用几分钟时间演示几十亿乃至上百亿年的宇宙发展历程，客观预测星系们是如何通过吞噬暗物质团块和矮星系而发展壮大的。

然而，真实的宇宙并不完全遵守计算机模拟的结论；或者更准确地说，我们作为模拟起点的理论模型可能缺乏一些重要的细节。按照理论预测，像银河系这样的大型星系应该被几百甚至几千个矮星系所包围，但实际观测到的远没有这么多。也许在银河系周围存在着大量由看不见的暗物质组成的"迷你星系"，星系内部几乎没有恒星形成，这或许可以解释为什么我们看不到它们。

还有一个问题：计算机模拟结果显示，矮星系应该随机分布在主星系周围的一个大"光晕"中，并且运动方向各不相同。但现实情况是，银河系和仙女星系的矮卫星星系们行动有序——它们基本处于同一个平面内，大多朝同一个方向运动。迄今为止，还没有人对此给出满意的解释。但随着科学技术的发展和测量手段的提高，这些谜题终将被解开。

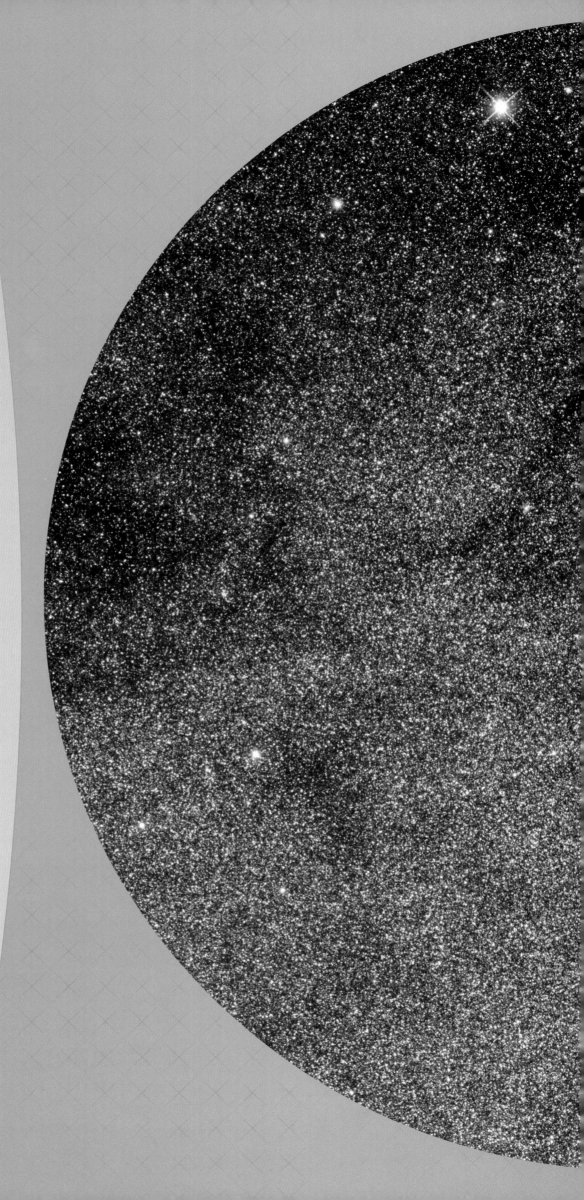

星星离我们有多远？

美国天文学家埃德温·哈勃在20世纪20年代首次测定了仙女星系中一颗恒星与地球的距离。哈勃发现，这颗恒星的亮度在有规律地变化，它是一颗造父变星。在此之前，人们已经知道，造父变星的亮度变化周期（光变周期）与光度之间存在着相关性。通过测量这颗造父变星的光变周期，哈勃确定了该恒星的光度，再将其光度值与在地面上观测到的该恒星的视亮度相比较，就得到了其与地球的距离。在本张仙女星系的局部照片（由哈勃空间望远镜拍摄）中，该颗造父变星就位于照片的左下角。仙女星系距离地球有约250万光年之遥。

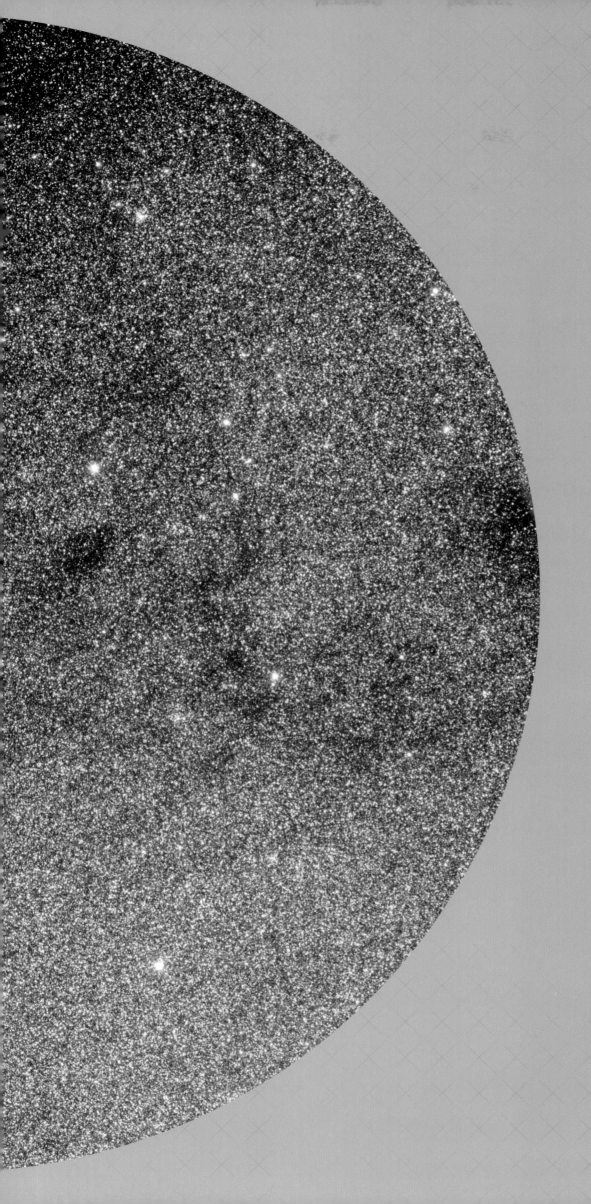

壮丽的星之旋涡

从地球的角度看过去，NGC 1232的星系盘正对着我们的视线。它的中心主要由老年恒星组成，年轻恒星大都位于其华丽的旋臂上。这个星系在波江座内，比银河系还大，距离地球约6000万光年，受其左侧的小型卫星星系的引力影响而稍有变形。

星系画廊

Galaktische Galerie

旋涡星系

我父亲有一本书，是著名的"时代生活丛书"（Time-Life Books）中《宇宙》（The Universe）一书的荷兰语译本。小时候的我常常一打开它就是几个小时，沉醉于那些令人震撼的插图中。在书中某页，宇宙的尺度用一系列立方体来阐释：第一级立方体中是被月球轨道环绕的地球；然后，这个立方体被缩小1000倍，成为第二级立方体的中心点，于是太阳系的大部分都被装进第二个立方体里；到了第三级立方体，太阳缩小为辽阔空间里的一个小小光点；接下来，第一颗系外恒星出现在图片中；而银河系的结构到第五级立方体中才呈现出来；第六级，也是最后一级立方体，包含着无数河外星系。

书中最令我印象深刻的是仙女星系的巨幅彩色照片，也是该书的封面图，由位于美国加利福尼亚州的帕洛玛天文台（Palomar Observatory）5米口径海尔望远镜（Hale Telescope）拍摄。我那时常常幻想，如果把这张照片中一个想象的小立方体不断放大，我就能飞到仙女星系那亿万颗恒星中的某一颗上，看到围绕这颗恒星运行的一颗小小行星——它宛如地球的孪生兄弟，与我们相隔约250万光年。

我总是抑制不住自己在河外星系中寻找第二个地球的想法。现如今，哈勃空间望远镜对那些几千万光年外的遥远星系的观测，比半个世纪前地面望远镜对近邻仙女星系的观测要详尽得多。哈勃空间望远镜拍摄的照片能将星系中的星云、星团、暗尘埃云甚至单颗恒星清晰地呈现出来，令人长时间沉迷于其中而不能自拔。所以，我一次又一次地将目光流连于某个星系的外围区域——类似于太阳和地球在银河系中的位置。在那里，在那些无法从照片上看到的小小行星上，也可能有类似于我们人类的生命存在！

生活在19世纪的爱尔兰天文学家威廉·帕森斯（William Parsons），世称"罗斯伯爵三世"，拥有当时全世界最大的天文望远镜。这架望远镜的反射镜由一块直径1.8米的抛光金属制成。在爱尔兰岛上那些无比清朗的夜晚，罗斯伯爵就用这架望远镜搜寻星空。他第一个发现了某些星云具有旋涡结构，但他没有意识到的是，他正在凝视的星云，其实是银河系的遥远同类。位于大熊座尾巴下方猎犬座中的模糊光斑M51具有很明显的旋涡结构，罗斯伯爵将其命名为"旋涡星云"（Whirlpool Nebula）。今天，M51被我们称为"涡状星系"。罗斯伯爵那张精美的旋涡星云手绘图也被收录于"时代生活丛书"之《宇宙》一书中。

随着时间的推移，人们渐渐发现天空中其他一些小光斑也具有类似的旋涡结构。20世纪20年代，埃德温·哈勃发现，仙女座大星云、旋涡星云以及许多与它们俩有类似结构的星云，其实都是遥远的河外星系。虽然许多天文学家由此推测，银河系也应具有这种旋涡结构，但银河系的三维地图直到20世纪中叶才由荷兰射电天文学家绘制出来。这不是一项简单的工作。打个比方：当你乘坐一架飞机飞越城市上空时，远比置身于这座城市内部更容易看清城市的街道分布。同样，探明一个旋涡星系的结构，从外部观察远比身处其中要容易得多。

松散的旋臂

旋涡星系并非都长得一模一样。位于室女座内、距离地球约7000万光年的NGC 5584就有着非常松散的旋臂。1881年，美国天文学家爱德华·巴纳德（Edward Barnard）发现了该星系。在测量天体距离的过程中，NGC 5584作为"宇宙量天尺"发挥着重要作用。就在不久前，该星系中发生了一次超新星爆发。

扭曲的旋涡

旋涡星系M66受到两个相邻星系引力的影响，导致其形状发生了轻度扭曲——旋臂不再对称，核球也不再位于星系正中心。M66是著名的"狮子座三重星系"的成员之一，距离地球约3500万光年。用业余天文望远镜就可以观察到它。

旋涡星系成员众多，它们有的拥有两条明显的旋臂，有的有四条或更多；有些星系的旋臂紧紧盘绕在核心区域周围，也有的旋臂结构比较松散；有些星系呈现出高度的有序性和对称性，但也有些星系外观无序、旋臂杂乱而扭曲；在大小方面，银河系的直径约为10万光年，属于较大的旋涡星系，还有一些旋涡星系的直径可达几十万光年，而小型的旋涡星系直径常常不超过1.5万光年。

旋涡星系通常由三部分组成，其中最引人注目的当然是带有旋臂的扁平星系盘。星系的大部分气体和尘埃都分布在星系盘内，在这里，既可以看到暗星云，又可以看到因新生恒星的存在而发光的亮星云。疏散星团和明亮的巨型恒星像闪闪发光的珍珠一样，沿着旋臂排成长长的珠链。较老的恒星则大多分布在星系盘中较厚的部位。

此外，大多数旋涡星系的中央都有一个由老年恒星组成的致密核心，呈扁球状，即所谓"核球"。核球内恒星分布密集，没有大量星际气体的存在。在我们远远拍摄到的照片中，旋涡星系的核球区域看起来往往像是曝光过度

的恒星团，它们发出灼目的黄白色光辉，说明该处恒星的年龄很大（白色或蓝色的恒星比黄色或橙色的恒星温度要高、质量要大、年龄要小）。

整个旋涡星系会被一团或大或小、球状的星系晕包裹着，星系晕中分布着暗弱、老迈的恒星，它们彼此相距甚远。星系晕中的恒星围绕星系中心的运动比星系盘中的恒星要杂乱得多——它们的运动方向各不相同，轨道常为狭长的椭圆形。星系晕中还包含大量球状星团，它们的运动也具有上述特征。这些球状星团内部，越往中心恒星越密集。

每个旋涡星系都在缓慢地自转，但人类的生命短暂到不足以观察到这种转动。星系盘中的恒星、尘埃云、气体星云和星团都在围绕星系中心以相同的方向旋转，虽然它们的旋转速度很快，比如太阳绕银河系中心公转的速度高达每秒200千米，但由于其距离银河系中心有约2.7万光年，公转轨道的周长有约17万光年，所以，即使以如此高的速度运动，太阳也要花上约2.5亿年才能绕银河系中心转一圈。

宇宙大风车

因为形状像一个风车，旋涡星系M101也被称为"风车星系"。位于大熊座内的该星系离我们不算太远，只有约2500万光年。这张细节丰富的图片由哈勃空间望远镜拍摄的51张照片合成而来。该星系有银河系的将近两倍大。

撒满"雪花"的星系

不像有些旋涡星系拥有狂野又动感的外观,位于大熊座内的、距离地球约4600万光年的星系NGC 2841呈现一片安静祥和的景象。该星系的旋臂非常短,旋臂上镶嵌着众多小而明亮的恒星形成区,看上去就像夜色中的雪花一样。这种撒满"雪花"的星系是如何形成的,目前还不得而知。

但我们不能说银河系的自转周期就是2.5亿年。事实上,靠近银河系中心的恒星,它们的轨道周期①相对较短,而靠近银河系外缘的恒星,其轨道周期要长得多。其他星系也表现出这种"较差自转"②现象:星系内部的旋转不像车轮,而与太阳系内部相仿——内层行星绕太阳一周所花的时间比外层行星短。

这一现象说明,旋臂不是总由同一批物质组成,否则它们早就由于星系的较差自转越缠越紧了。有一个理论认为,旋臂是密度波③造成的波动图案,密度波以缓慢的速度在星系盘内传播,星际气体在旋臂内受到比较强烈的压缩,触发新生恒星的形成。旋臂之间,物质密度较低,恒星间的距离较远。因此,星系盘中的恒星进入旋臂,就暂时进入了物质密度较高的区域。好比一辆汽车正行驶在四排道的高速公路上,突然需要驶入一段10千米长的车辆众多的双排道。在这段双排道上,汽车们不得不相互贴近行驶。

关于旋涡星系的自转还有很多内容,我们先说这么多。在本章最后一节讨论暗物质的奥秘时,我们再详加讨论。接下来让我们先了解一下星系的类型,看看天文学家是如何解释这种宇宙多样性的。

---

① 指一个天体环绕轨道一周需要的时间。——译者注

② 指一个天体在自转时不同部位的角速度互不相同的现象。——译者注

③ 密度波理论认为,恒星在绕星系中心旋转时,绕转速度和空间密度是波动变化的,这种波被称为"密度波"。——译者注

94

多波段观测

为了全面了解一个旋涡星系，除可见光波段外，我们还要在红外和紫外波段对它进行观测。NGC 3344的这张假彩色照片包含了上述波段的数据，更好地呈现出恒星形成区和年轻的星团。照片左上角的亮星是银河系的前景恒星。NGC 3344距离地球约2000万光年。

棒旋星系

人类是抽屉式思考者，我们喜欢在每一个领域建立体系和秩序。这种"分门别类"的需求是各门科学的基础。当我们试图了解自然界的某个内在机制或过程时，一定会先从模式识别入手，找到事物间的关系，并且破译这种关系，确定事物的因果。在这种思维方式的指导下，天文学家从几个类似的天体上发现两个不同的特性后，就会立即着手进行分类。他们努力将天体划分成清晰明了的类别或群组，以实现将宇宙化繁为简的目的。

但宇宙有时并不配合这项工作：有些小行星带着一条气体粒子构成的尾巴，看起来非常像彗星；冥王星到底是矮行星还是真正的行星，争论一直在持续；褐矮星既不能归类到恒星里，也不属于行星；球状星团和矮星系的界限到底在哪里……这样的问题举不胜举。尽管如此，每当有新的发现时，我们还是努力将其归类。至于这样的归类最终带来什么样的新认知，那就属于后话了。

20世纪20年代，埃德温·哈勃首次证明旋涡星云实际上都是独立的星系，位于遥远的银河系外。

哈勃当时在威尔逊山天文台工作，那里拥有当时世界上最大的望远镜——口径2.5米的胡克望远镜。哈勃用这台望远镜尽其所能地拍摄和研究了大量天体系统。然后他根据自己的观测成果，于1926年发表了一个星系分类表，这个分类表后来经过少许改进，定型为著名的"哈勃序列"，也被称为"哈勃音叉图"。

起初，哈勃发现旋涡星系（S型）的悬臂并不都是紧密缠绕着核心的，于是他把那些旋臂紧密缠绕着核心的星系定为Sa型，把悬臂缠绕得不那么紧密的星系定为Sb型，把悬臂松散缠绕的星系定为Sc型。这个分类系统虽然简单，但非常有效。

另外，哈勃和同时代的其他天文学家都发现，许多旋涡星系的中心是狭长的——是一个由恒星组成的短粗棒状结构。这种棒旋星系（SB型），旋臂不是从星系的最中心而是从棒状结构的两端向外伸出，看起来很像正在工作的草坪洒水器。这些棒旋星系的悬臂缠绕度同样有差别，于是哈勃在他的音叉图中引入了SBa、SBb和SBc三个类型。

除此之外，还有许多星系没有旋臂。它们看起来是没有明显内部结构的恒星团，中心处最为致密，就像一个巨型的球状星团——只是它们往往不是规则的球形，而是略呈椭球形。哈勃根据这些星系的扁平程度，将它们分为E0（接近球形）型到E7（极扁的椭球形）型。

哈勃本人对他的分类系统甚为满意。哈勃按逻辑顺序将这些星系类型依次排列，做成一个图表：左边是椭圆星系E0到E7沿水平线排开，这些星系也被哈勃统称为"早型星系"；水平线从E7右侧发出两个水平分支，上面是旋涡星系（Sa到Sc），下面是棒旋星系（SBa到SBc）。旋涡星系和棒旋星系被哈勃统称为"晚型星系"。这个图表像一把横放的音叉，所以得名"音叉图"。

▍测试照

这张棒旋星系NGC 6217的照片由哈勃空间望远镜的高级巡天照相机（Advanced Camera for Surveys，ACS-Camera）于2009年拍摄，目的在于测试几周前NASA宇航员对其的维修是否成功。除可见光波段外，照相机还进行了红外波段拍摄，将该星系旋臂中的恒星形成区清晰地展现了出来。

蒙尘的"短棒"

将几十张由哈勃空间望远镜拍摄的照片拼接在一起，才得到了棒旋星系NGC 1300这幅壮观的全景照片。该星系位于波江座内，距离地球约7000万光年之遥。图中有两块狭长的尘埃带值得关注，它们从星系中心一直延伸到两条巨大旋臂的根部。

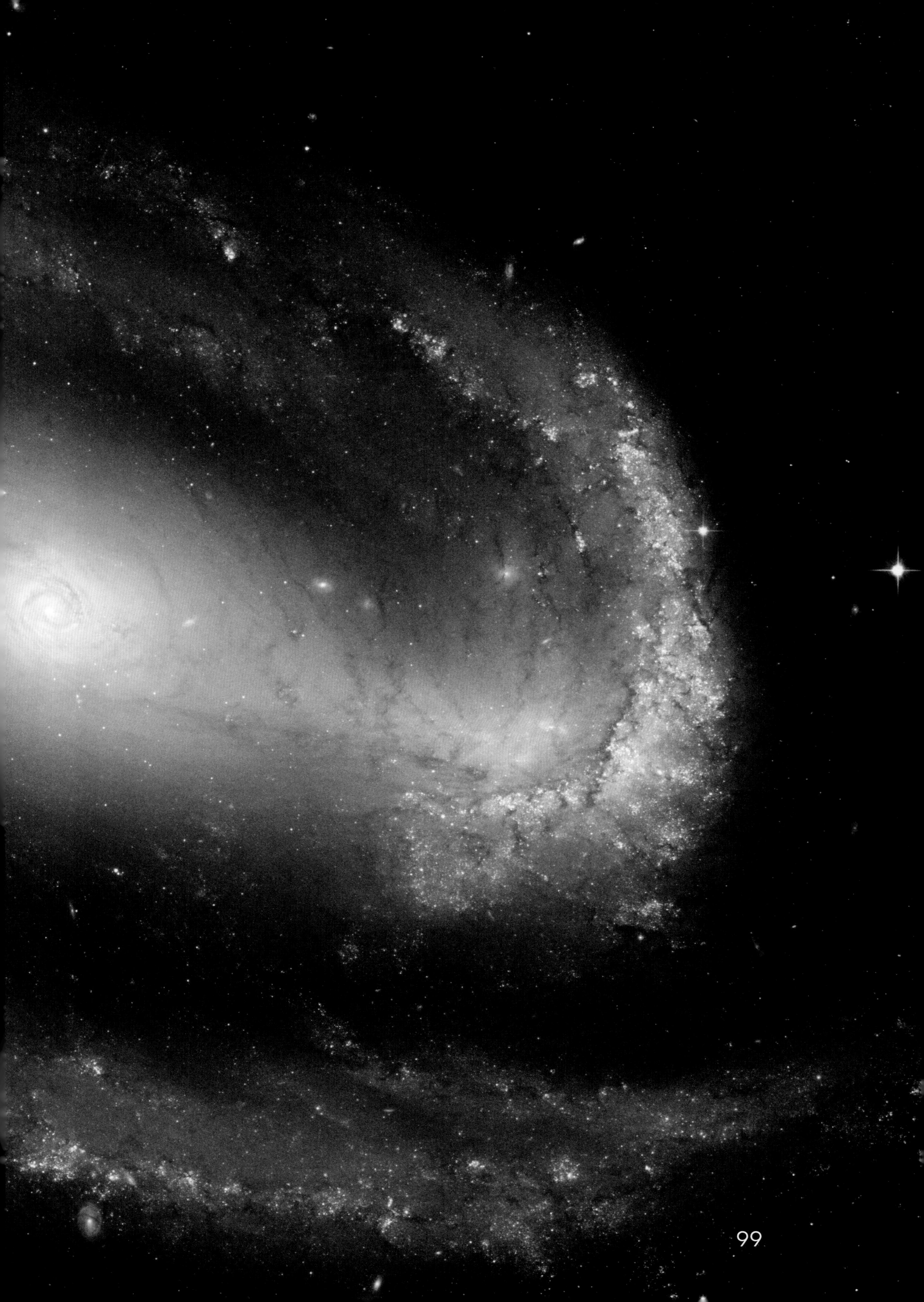

"早型星系"和"晚型星系"这两个名称当然是有含义的。尽管哈勃没有解释过他为什么要这样命名，但这些用词表明哈勃序列考虑到了星系的演化：一个星系从恒星的球形集合（E0）开始，通过旋转变得越来越扁（直到E7），然后发展为普通旋涡星系（S）或者棒旋星系（SB），而且随着时间的流逝，旋臂越来越松散（a到c）。

这听起来很合乎逻辑，特别是当我们观察到下面这个规律后：椭圆星系内大部分为老年恒星，而旋涡星系包含许多年轻的恒星。并且，哈勃序列发表后不久，天文学家们就发现了所谓"透镜星系"，这是一种介于椭圆星系和旋涡星系之间的星系类型，被标记为"S0"。在哈勃序列中，它恰好位于音叉的分叉点上。

▍炽热的"心"

星系NGC 4394距离地球约5500万光年，它的棒状结构不像其他某些棒旋星系那么典型。不过从照片中可以清楚地看到，它的旋臂并不是从星系中心发出的。该星系最核心处有大量炽热的气体，没有人能准确解释造成如此高温的能量从何而来。

| 醉人的美丽
南天天炉座内有一个引人注目的棒旋星系——NGC 1365，它的别名叫"大棒旋星系"，距离地球约6000万光年，足有两个银河系那么大。本张照片由位于智利北部的欧洲拉西拉天文台的丹麦望远镜（The Danish Telescope）拍摄。

　　观察到的模式（在此为星系的不同类型）可以看作演化机制的某一步骤；这一点非常吸引人。从前，天文学家也是这样根据光谱特征对天空中的恒星进行分类的。他们将恒星发出的光分解成不同的单色光，获得恒星光谱，从而了解恒星释放出的能量在各个波段的精确分布。

　　蓝色和白色恒星是温度最高的恒星，也是最亮的恒星；黄色恒星，比如太阳，温度要低一些，发出的能量要少一些；橙色和红色恒星是宇宙中温度最低的恒星，通常也最暗弱。起初，人们认为这是恒星演化的结果：在生命的起始阶段，恒星体积巨大、炽热、明亮，呈现为蓝或白色；随着时间的流逝，恒星渐渐冷却并坍缩，变成红色、低温的矮星。很长一段时间内，天文学家都在研究"早光谱型 O、B、A"（蓝色和白色恒星）和"晚光谱型 F、G、K、M"（橙色和红色恒星）。现在我们知道了，事实并不是这样的。一颗恒星在诞生时是大质量的、高温的巨恒星还是小质量的、低温的矮星，主要取决于原始星云，也就是不断收缩最终形成恒星的那片气体云的质量。恒星在其一生中并不会轻易改变其颜色或光谱型，比如太阳，它出生时是 G 型星，到现在还是 G 型星。但这样的说法不够准确，在生命的尽头，太阳会膨胀为红巨星，然后坍缩为白矮星。星系的情况与此有些类似：它们不会按照哈勃音叉图中的顺序进行演变，但一个以 Sb 型诞生的星系，随着时间推移，可能会变成另外一个类型。

关于椭圆星系、透镜星系和不规则星系，我们将在下一章中详细讨论。在这里，我们主要关注普通旋涡星系是如何变成棒旋星系的，或者反之。目前，天文学家还不能回答这个问题，它似乎与恒星绕星系中心（即核球）运行的椭圆轨道有关。外围恒星的轨道周期比靠近星系中心的恒星的轨道周期要长，密度扰动会增强这种效果，从而导致棒状结构的形成和长期存在。

目前尚不明确，棒旋星系能否变回普通旋涡星系。尽管有证据表明，棒状结构是一个存续时间为几十亿年的临时性结构。但人们也发现，棒旋星系眼下在宇宙中的比例远高于许多亿年前。目前宇宙中将近 2/3 的旋涡星系是棒旋星系，而在宇宙初期，这一比例仅为1/5。

我们的银河系也是棒旋星系，属于 SBb 型。由于尘埃云的消光作用，普通光学望远镜无法看到银河系中央的棒状结构。但是通过 NASA 斯皮策空间望远镜在红外波长下进行观测，我们就消除了这个困扰。通过斯皮策空间望远镜对银河系中心区域约 3000 万颗恒星的分布进行观测，结果表明，从我们身处的银河系外围区域看过去，银河系中心有一个长约 2.5 万光年的棒状结构，它的长轴与我们投向银心的视线成 45 度角。

▌太空"洒水器"

星系NGC 1073的旋臂并非发自星系最中央，而是发自气体和恒星构成的棒状结构的两端，所以它有点像一台正在工作的老式草坪洒水器。迄今为止，天文学家们尚未彻底弄清棒旋星系的形成过程。我们已经知道的是，很久以前的宇宙中没有如今这么多棒旋星系。

| 星之"瞳仁"

紧密缠绕的旋臂在气体和尘埃形成的"帷幕"后隐约可见,最内侧旋臂围成明亮的圆环,一个光华耀眼的短棒结构居于星系正中。这个如此迷人的星系——NGC 1398——位于天炉座内,距离地球约6500万光年。照片由甚大望远镜拍摄。

椭圆星系、透镜星系和矮星系

天文学是一门特殊的科学。地质学家可以把岩石带回实验室进行各种研究，化学家可以随时重复某一化学反应过程，物理学家可以让基本粒子相互碰撞，然后从各个角度观察碰撞结果。而天文学家只能满足于宇宙展现给他的东西。没有人知道下一次超新星爆发何时发生，也不能要求转瞬即逝的快速射电暴[①]再来上几次，所以全天候观察是天文学领域的重要研究手段。宇宙事件的发生自有其步调和模式，而我们所能做的只有观察，而且是从唯一的角度。

▌透镜星系的侧面

从地球上望过去，我们看到的是星系NGC 5866（别名"纺锤星系"）的正侧面。无数恒星形成一个巨大的椭圆形星系晕，将星系盘中央的尘埃带映衬得无比清晰。NGC 5866属于一种介于椭圆星系和旋涡星系之间的星系类型，即透镜星系。

---

① 指射电望远镜探测到的宇宙中的射电爆发，持续时间为数毫秒，释放的能量却相当于太阳在一整天内释放的能量总和。
——译者注

奇特的星系对

天文学家并不确切知道这两个星系与我们的距离是否相同，它们俩之间也没有显示出强烈的相互作用。旋涡星系NGC 4647比大型椭圆星系M60稍远，前者距地球6300万光年，后者到地球的距离则为5400万光年。这两个星系都位于室女星系团的东侧附近。

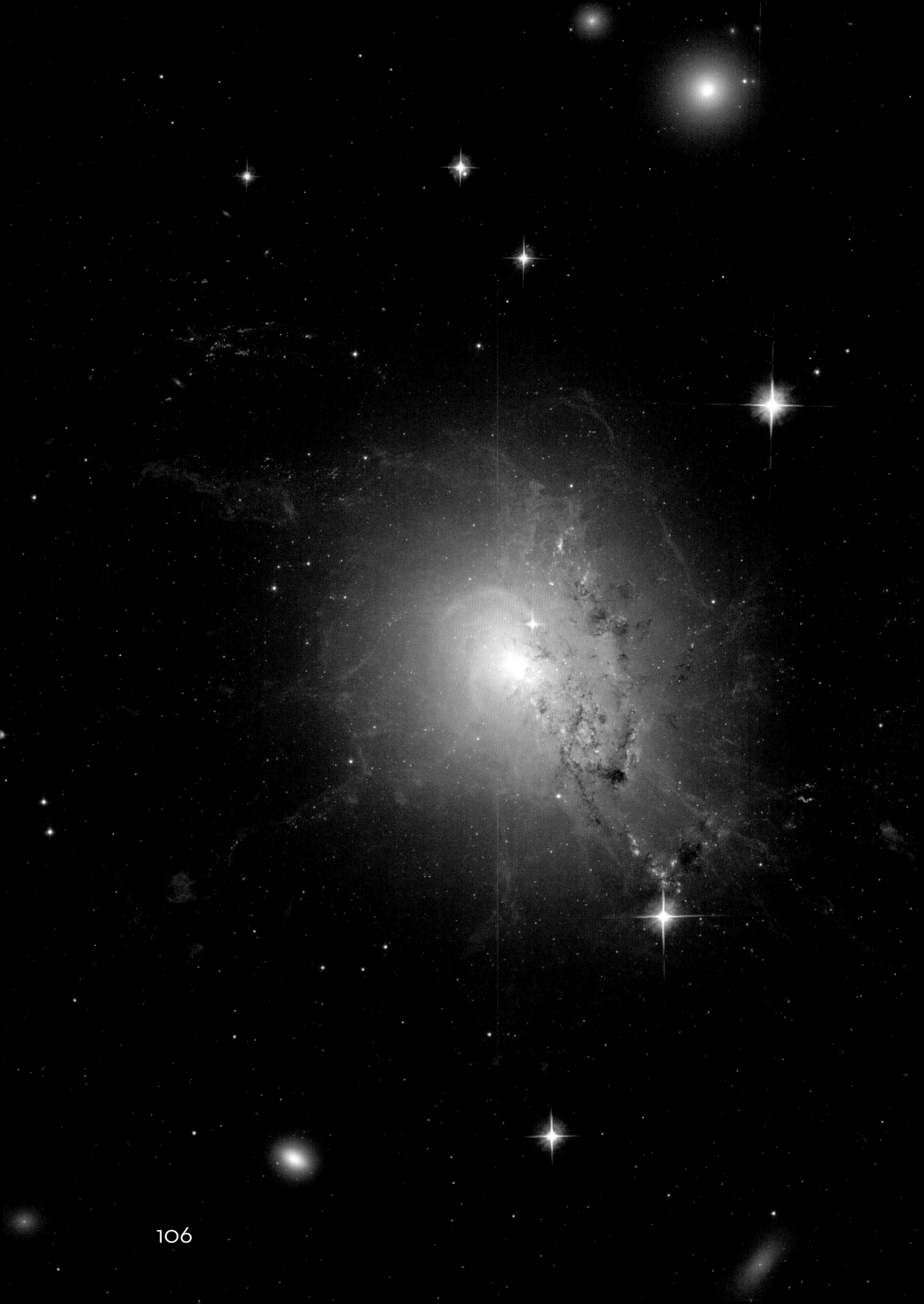

快速射电暴现象在过去曾经令天文学家倍感困扰。比如说，要计算一次遥远的宇宙爆发所产生的总能量，我们要测量出地球上接收到多少辐射，并且要知道该天体与地球的距离。但是，这种计算是以假设该次爆发在各个方向上具有相同的强度和亮度为前提的。如果一个遥远的天体恰好只向地球方向发出了辐射，那么上述计算方法将大大高估这次爆发所产生的总能量。现实中，某些极为遥远的星系（如本书后面将会介绍的"类星体"）似乎就符合这种情况。

天体的三维形状常常很难确定。恒星是球形的，从各个角度看起来都差不多。但观察一个旋涡星系时，我们眼中它的形状是由观察角度决定的：它的星系盘可能正对着我们，比如涡状星系；也可能以斜侧面对着我们，比如仙女星系。在前一种情况下，星系看起来几乎是圆形的；在后一种情况下，我们眼中的该星系就是一块狭长的光斑。即便是椭圆星系，也很难确定它真正的三维形状。

仙女星系有两个很引人注目的伴星系，它们是典型的小型椭圆星系，没有旋涡星系那样显著的星系盘，也没有旋臂。20 世纪初，埃德温·哈勃和他的同行们发现了数百个这样的椭圆星系——不具备明显的内部结构，但有一个致密的核。根据形状的不同，哈勃将它们划分为 E0 型（接近球形）到 E7 型（极扁的椭球形）。但是，我们如何才能知道一个 E0 型星系的真正形状呢？它可能是一个巨大的、球状的恒星集合，从哪个角度看都差不多；也可能是一个像圆面包一样扁扁的椭球体，而我们恰好从上方俯视它；它还可能是一个猕猴桃形状的星系，很长，但宽和高相近，我们看到的恰好是后两个维度组成的侧面。对于一个 E3 型星系（最常见的椭圆星系），我们看到的是它真正的三维形状，还是观察角度也起了作用呢？

利用高灵敏度的光谱仪，天文学家可以测量旋涡星系中恒星的运动速度，从而确定其结构。但是这种方法对于椭圆星系似乎不太奏效。椭圆星系中的恒星不像旋涡星系中的恒星那样在扁平的星系盘内进行清晰的、有序的运动，它们的运动是杂乱无章的（大多数旋涡星系的核球区恒星都是这样）。所以，确定椭圆星系的三维结构基本无法用测定恒星运动速度的方法来解决。

但是，对恒星运动速度的测定可以获得椭圆星系其他方面的有用信息。椭圆星系内的恒星，距离星系中心越近，其平均轨道速度[①]就越高。只有星系中心存在质量极大且体积被压缩到极小的天体，才能解释这种情况。一切信息都表明，椭圆星系中心存在着超大质量黑洞，其具有强大的引力场。黑洞会从它周边大量吞吸气体，这些气体先是急剧升温并发出高能 X 射线，然后才落入黑洞事件视界。然而，大多数椭圆星系都不是强烈的 X 射线源，这是因为它们几乎不含有星际气体，也几乎不含有分子云和恒星形成区。同样，在椭圆星系中也不会发现年轻的疏散星团和明亮的新生恒星。这种星系中的恒星通常来说非常古老，因此星系呈现出淡黄色调。这与旋涡星系非常不同，由于含有大量年轻（顶多几千万岁）、炽热的恒星，旋涡星系的色调一般来说是偏蓝的。

由于看上去老态龙钟，人们曾经认为椭圆星系属于宇宙中最古老的天体系统。但是现如今，我们知道，早期宇宙中并没有今天这么多的椭圆星系。随着宇宙的演化，椭圆星系的数量在持续增加。天文学家认为他们可能发现了椭圆星系的形成过程：一个椭圆星系由两个较小的旋涡星系碰撞产生。上一章中我们提到过，银河系将在几十亿年后与仙女星系相撞，根据计算机模拟程序预测，这次并合将诞生一个全新的、极为庞大的椭圆星系。

如果这样，那么椭圆星系的老态就不是高龄造成的，而是由于它的成员大部分来自两个或多个旋涡星系的老年恒星。星系碰撞直接导致这些旋涡星系失去了原有的大部分星际气体，于是并合后的椭圆星系几乎再也无法孕育新的恒星。

┃磁场效应

属于英仙座星系团的椭圆星系NGC 1275被旁边的旋涡星系遮挡了一小部分。这个旋涡星系的尘埃带非常明显。NGC 1275周围有长达数万光年的红色云气丝，它们是相对低温的气体，被星系的强大磁场所束缚。

---

① 某一天体环绕另一天体或天体系统的质心运转一周的平均速度。——译者注

类型成谜

室女座内的草帽星系M104距离地球约3000万光年。从地球上看过去，我们看到的是它的正侧面，星系盘中的尘埃带清晰可见。但是我们看不出来这个星系是否具有旋臂。由恒星构成的巨大星系晕让我们觉得它可能是一个透镜星系。

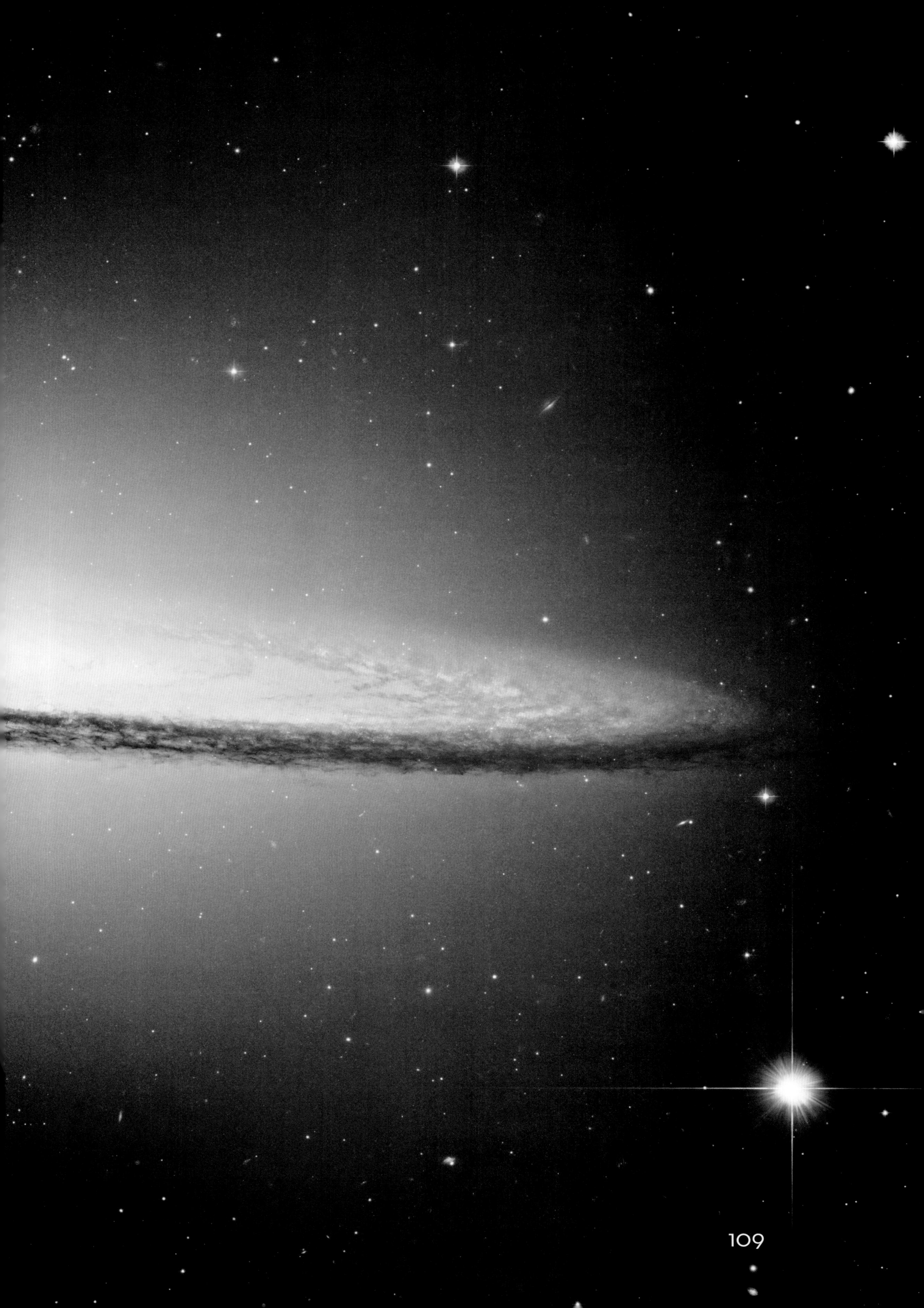

矮不规则星系

照片中这些明亮而炽热的巨型氢气泡为矮不规则星系霍姆伯格Ⅱ（Holmberg Ⅱ）所拥有。该星系位于大熊座内，距离地球约1100万光年。星系中心位于照片的左下部，大型恒星形成区主要位于星系外围，但星系内的其他地方也有恒星诞生。

110

┃深空异类

将大型椭圆星系NGC 4696与其他同类型星系区别开来的是它那条显著的尘埃带，这条尘埃带在哈勃空间望远镜拍摄的照片中清晰可见。该星系距离地球约1.5亿光年。照片背景中可以看到许许多多更加遥远的星系，两颗耀眼的恒星则属于银河系。

但这个过程的细节还远远没有弄清。我们还不知道是否所有椭圆星系都是星系并合的结果。那些位于大星系团中心、直径几十万光年、包含几万亿颗恒星的巨大椭圆星系极可能是这样形成的。但也有一些直径只有几千光年的矮椭圆星系，它们可能在宇宙幼年期就已经存在了。

对于那些奇特的、被哈勃归类为S0型的透镜星系，天文学家仍然知之不多。它们和旋涡星系一样有清晰可辨、有序旋转的星系盘，盘中也有气体和尘埃云存在。但是它们没有明显的旋臂，核球也远比普通旋涡星系的大。它们在性质方面与椭圆星系更相近。因此，透镜星系像是椭圆星系和旋涡星系之间一个奇特的过渡形式，但我们还不清楚，它们之间是否存在演化上的关联。

另外，还有很多星系的类型尚无定论。如果一个星系，我们从地球上看到的是它的近乎正侧面，就无法确定它是否具有旋臂。如果我们看到的是一个星系的完全正侧面，视线落在星系中心的尘埃带上，就无法弄清它是一个具有较大核球的旋涡星系还是一个透镜星系。比如位于室女座的著名的草帽星系M104，一些天文学家认为它是一个具有巨大星系晕的大型旋涡星系，另一些天文学家则将其描述为一个透镜星系，而红外探测结果又显示，它可能是一个椭圆星系，但具有一个明显的、富含尘埃的水平圆盘结构。

除此之外，宇宙中还存在一些形状特异、没有明显对称性的星系，我们称之为"不规则星系"。它们看起来不属于任何星系类型，偶尔表现出异常活跃的恒星形成活动。它们与130亿年前（大爆炸后不久）诞生的第一代小型星系看起来有很多共同点。哈勃将它们命名为"Irr"型，无法明确归类的所有星系都属于这一类型。

暗物质

"天地之大，赫瑞修，比你所能梦想到的多出更多。"这是哈姆雷特的名言，对此，我们除了认同，别无选择。因为，如果我们声称对世间所有的存在无所不知，那只能说明我们无比傲慢。无论科学已经揭示多少真理，总有一些事情是我们尚不知晓的，莎士比亚清楚地认识到了这一点。这条名言也适用于我们对宇宙的探索。在过去的千百年里，人类认识了无数行星、卫星、恒星、星云和星系，但我们对宇宙的认识还远远不够，总有未知等待着我们去探索。

德国天文学家弗里德里希·贝塞尔（Friedrich Bessel）的研究表明，在没有实际观测的情况下，人类也可以发现未知的天体。贝塞尔观察到夜空中的亮星天狼星和南河三沿波浪形的轨迹运动，于是提出一个观点：只有这两颗恒星身边有看不见的小伴星存在，才能解释这种现象的发生。这两颗恒星的伴星后来真的被发现了，它们都是暗弱而致密的白矮星，其引力在一定程度上对主星的运动轨迹产生了影响。

行星海王星的存在也是通过这种方式推导出来的。1781 年，威廉·赫歇尔（William Herschel）发现了位于土星轨道外侧很远处的天王星。19 世纪初，天文学家们发现天王星并没有按照预期的轨道运动，它好像被另外一个看不见的天体吸引着。根据其轨道偏离程度，法国天文学家和数学家奥本·勒维耶（Urbain Le Verrier）计算出了那个"捣乱者"在天空中应处的位置。1846 年 9 月，柏林天文台（Berlin Observatory）的天文学家终于在现实中发现了这颗新行星——海王星，就在勒维耶预言的位置。

天狼星和南河三的伴星以及海王星都可以通过天文望远镜观测到。但是，我们也可以利用不可见天体对周围环境施加的引力来揭示它们的存在。正是沿着这个思路，近百年来，天文学家们相信宇宙中存在暗物质。在暗物质问题的研究上，对河外星系中恒星和气体云运动的精确测量起到了关键性作用。

迄今为止，还没有人知道如何准确描述暗物质的真面目。虽然我们已经知道，它的总质量大约是"正常"物质（由原子和分子构成）的 5 倍之多，但关于暗物质的其他信息，我们一无所知。

20 世纪 30 年代初，荷兰天文学家扬·奥尔特首先发现暗物质存在的可能性。我们知道，恒星相对于银河系盘面（简称"银盘"）向上或向下移动的速度受银盘内所有物质引力的影响。1932 年，奥尔特根据测得的恒星速度分布得出结论，太阳周围存在的物质肯定比人类想象的要多得多。

一年后，瑞士裔美国天文学家弗里兹·扎维奇（Fritz Zwicky）通过对星系团的物质质量进行研究，也得出了类似结论——星系团内一定包含大量"暗物质"。然而直到 20 世纪 70 年代，人们才从对河外星系的观测中得到了暗物质存在的最有力证据。一个星系的质量越大，恒星围绕星系中心运动的速度就越快，星系的外围区域也是如此。如果测量出星系在距自身中心不同距离处的自转速度[①]，就可以非常精确地推导出星系的总质量。而如果这个质量比该星系中所有可见的恒星、星团、气体云和尘埃云的总质量大，我们就可以认为该星系里存在暗物质。

闪亮的旋涡

NGC 300是一个异常美丽的旋涡星系，位于玉夫座内，距离地球约600万光年。人们原以为，这样的星系，自转速度应该从星系中心向外逐渐降低。但实际上，NGC 300的外围区域显示出与内部区域几乎相同的自转速度——这是暗物质存在的证据。

---

① 本书在提及星系的自转速度时，除非特别指出，否则都是指自转线速度。——译者注

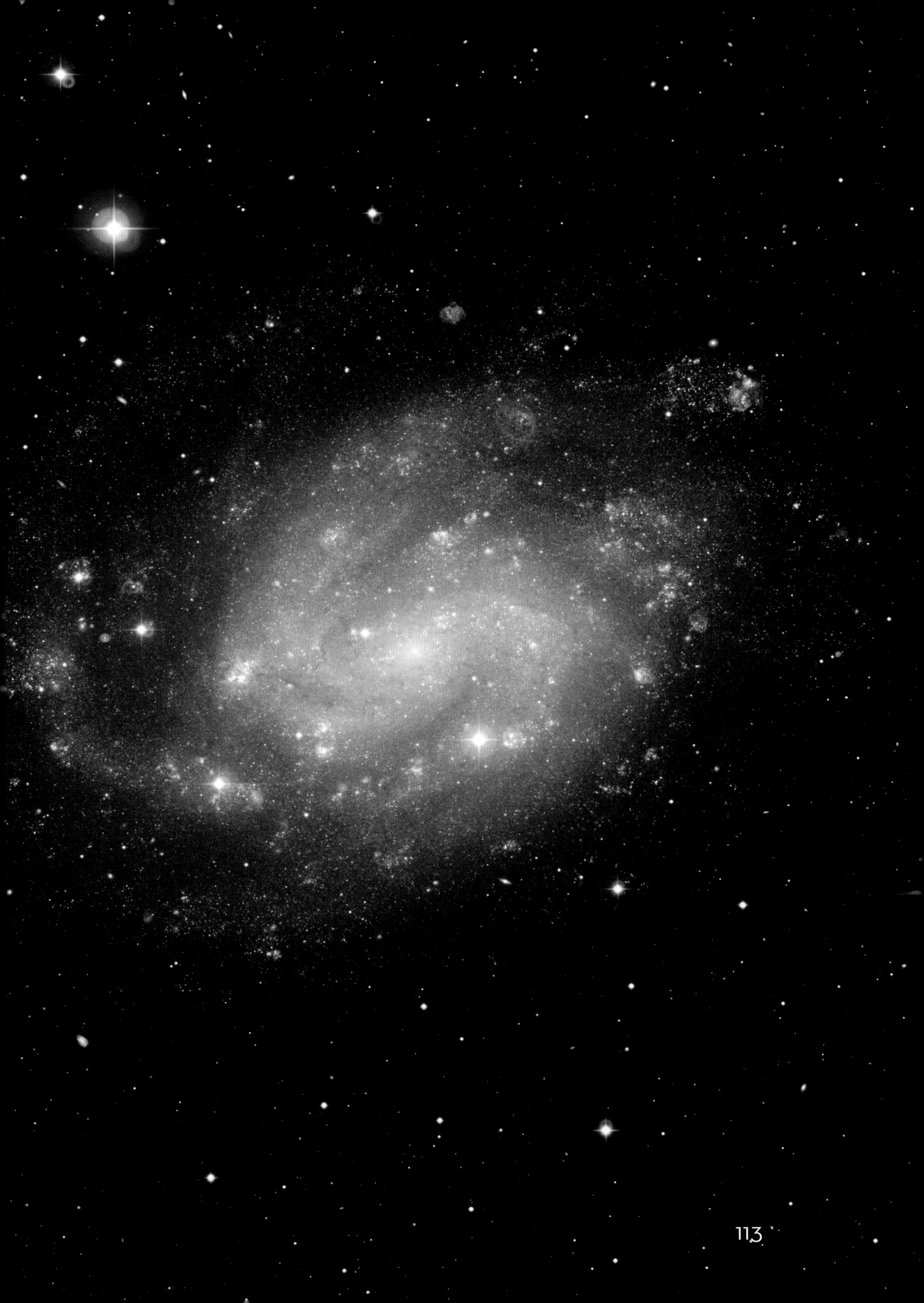

暗物质晕

在狮子座内距离地球约3500万光年的地方，有一个引人注目的旋涡星系M96。对该星系自转速度的测定显示，它和其他旋涡星系一样，被范围巨大的、不可见的暗物质晕包裹着。没有暗物质晕的引力作用，旋涡星系便无法稳定存在。

然而，如何测定星系的自转速度呢？人类用尽一生的时间，也无法看出这些遥远的星系发生了丝毫转动！从地球角度观察，由于距离太过遥远，所有星系看上去都是静止不动的。即使是近邻星系 M31 或 M33 中的恒星，它们一年中在夜空里移动的距离也不会超过几十微角秒。这种细微的切向运动[1]几乎无法测量。

但是，测量恒星的视向运动，也就是恒星沿我们的视线方向远离我们的运动，就容易得多了。恒星的径向速度可以通过精确的光谱分析来确定。就像救护车的警笛声一样——车子向观察者迎面驶来时，观察者耳中的警笛声会变得尖锐；车子离观察者远去时，警笛声会变得低沉浑厚。[2]当恒星接近或远离我们时，星光的波长也会发生微小的变化。红移或蓝移的程度越大，说明星系的径向速度越高。

1970 年，美国天文学家维拉·鲁宾（Vera Rubin）和肯特·福特（Kent Ford）率先使用这种方法精确测出了仙女星系内距中心约 2.2 万光年处的恒星的公转速度。然而，真正的突破来自八年后，这一突破是由荷兰射电天文学家艾伯特·博斯马（Albert Bosma）完成的。

博斯马使用当时很先进的韦斯特博克综合孔径射电望远镜（Westerbork Synthesis Radio Telescope，WSRT；拥有 12 个直径为 25 米的抛物面天线）测量了 25 个星系外围区域氢气云的公转速度。这些氢气云与各自星系中心的距离远大于鲁宾和福特所测的仙女星系的恒星距其星系中心的距离，所以结论更加有力。

如今，星系自转速度的测量已经成为天文领域的例行工作，一些大型射电天文台，比如美国甚大天线阵（Very Large Array，VLA）就承担着此项任务。

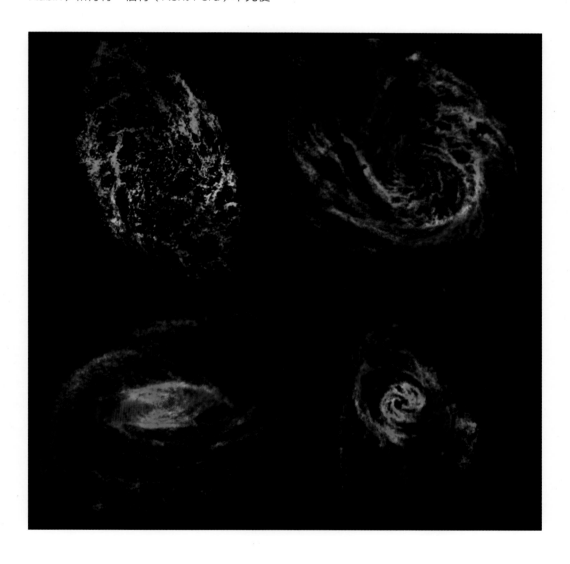

证明暗物质的存在

利用射电望远镜，我们可以获得河外星系中气体云的运动情况。朝向我们运动的气体云，在照片中成像为蓝色；背向我们运动的气体云，在照片中成像为红色。根据测量得出的气体云运动模式，天文学家能够推导出星系内部的引力分布情况。这类研究一再证明，星系内部存在着大量看不见的暗物质。

---

[1] 恒星相对于太阳的空间运动可分解为视向（又称径向）运动和切向（又称横向）运动两个分量，后者指恒星在一年内所行经的距离对观测者所张的角度。——译者注

[2] 这就是著名的"多普勒效应"。在运动的波源前面，波被压缩，波长变短，频率变高（蓝移）；在运动的波源后面，波长变长，频率变低（红移）。——译者注

黑暗的秘密

位于大熊座内的星系M81，又名"波德星系"，因德国天文学家约翰·埃尔特·波德（Johann Elert Bode）而得名。虽然它距离地球有将近1200万光年之遥，但在这张由哈勃空间望远镜拍摄的照片合成的图片上，星系内的单颗恒星清晰可见。该星系内部一定包含着大量暗物质，这类物质的性质仍未可知，且从未被直接观察到过。

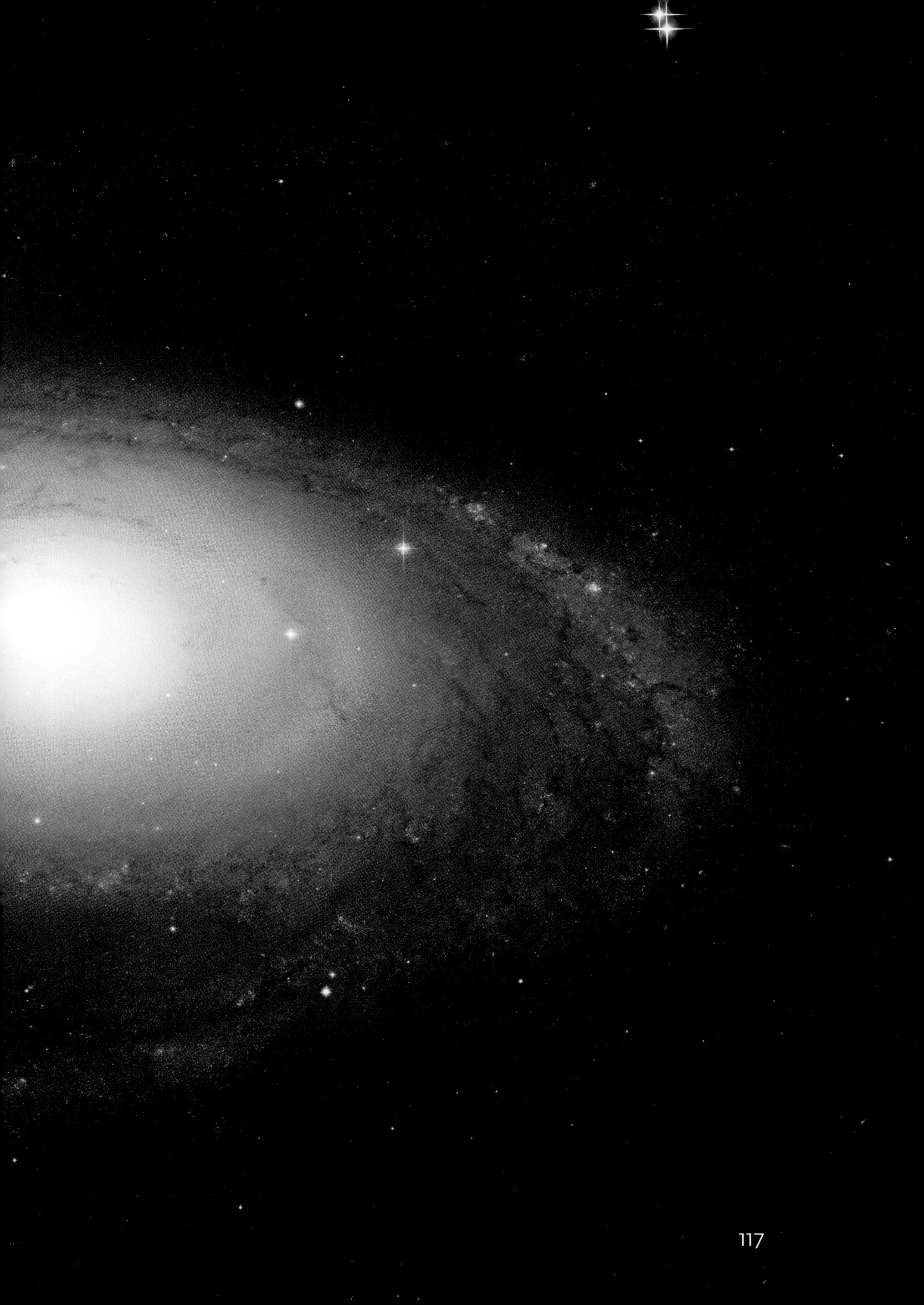

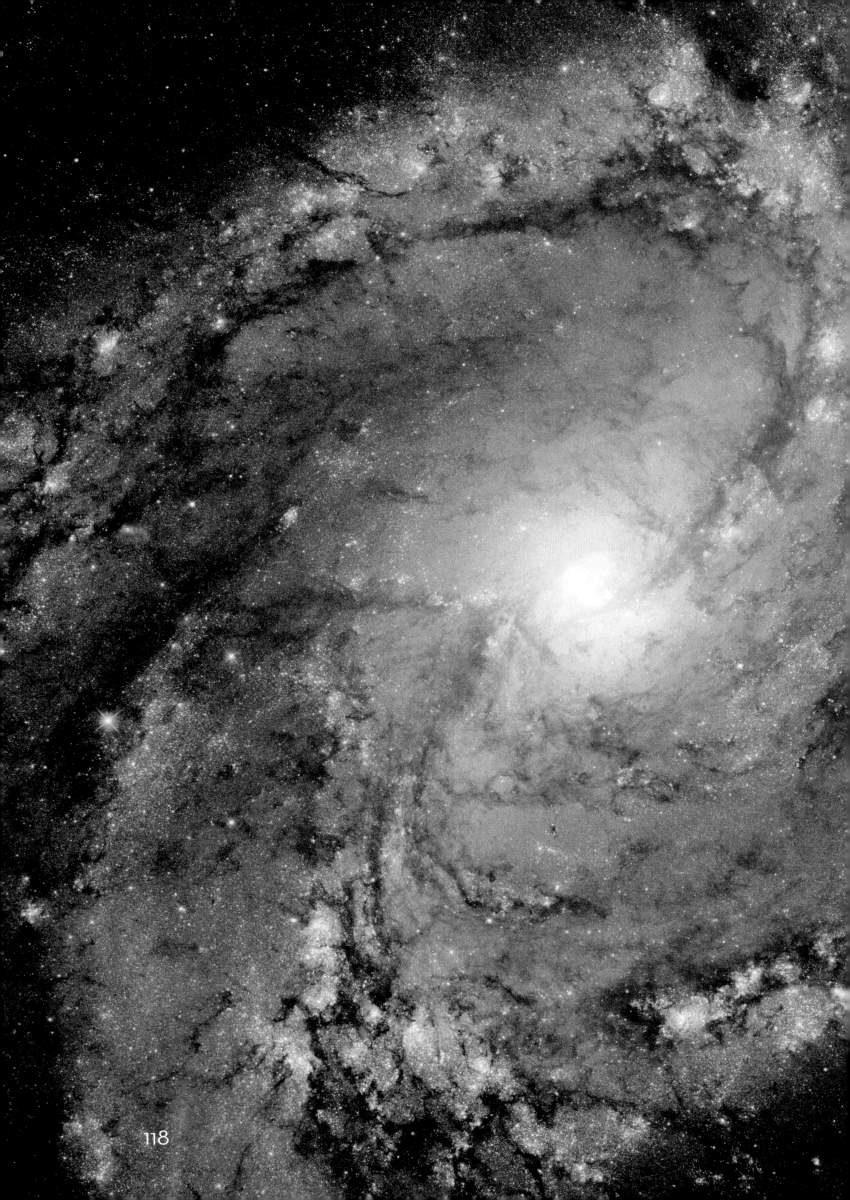

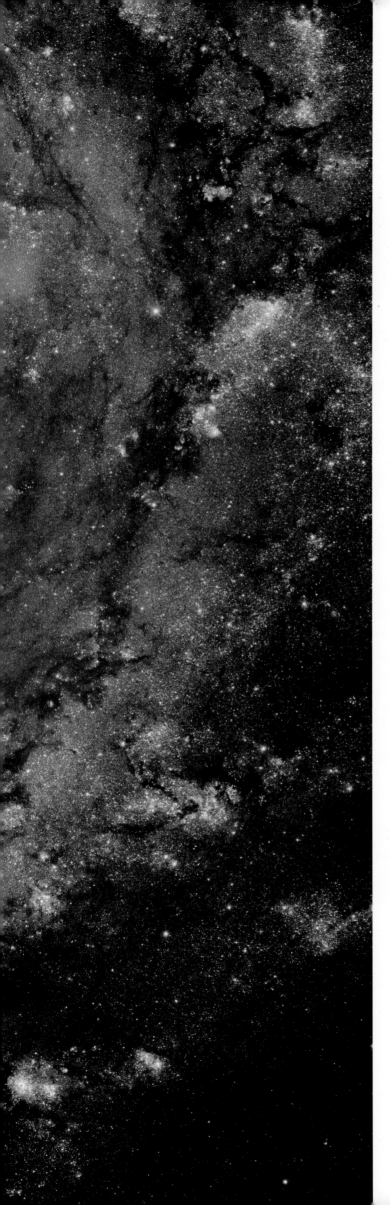

星系自转速度的测量结果一再说明，一定有什么地方超出了我们的认知。根据那些可见的恒星和气体云的分布，我们预计星系的自转速度应该随着与星系中心距离的增加而逐渐降低。然而实际上，星系从内到外的自转速度是基本一致的。这意味着，星系被包埋在巨大的暗物质晕中，由于暗物质的引力作用，可观测到的星系外围区域才拥有如此高的自转速度。

但并非人人都相信暗物质的存在，尤其是鉴于下面这个事实：尽管进行了大规模探索，但物理学家们从未在实验室中成功获得过神秘的暗物质粒子。诚然，可见物质的引力效果无法实现星系的自转特点，但是我们并不了解引力在特殊情况（比如在物质稀薄的星系外围区域）下的作用方式。也许引力在该处的作用方式完全不同，我们用错了公式，那么得出无法解释的结果就不足为怪了。

一小部分反对者勇敢地站出来质疑宇宙中含有大量暗物质这一说法。他们的 MOND 理论（Modified Newtonian Dynamics，修正牛顿动力学）可以在不涉及暗物质的前提下，通过引入一个修正因子，很好地解释星系的速度分布。但这好像是堂·吉诃德与风车的战斗，因为暗物质的存在还有来自其他方面的证据支持，比如星系在宇宙空间中的分布、宇宙微波背景辐射（大爆炸的"回声"）的特性、星系和星系团的引力透镜效应等。

有关这部分知识，我们将在本书后面详加讨论。在这里，我们只做简单触及，以说明暗物质之谜的揭晓并非易事。莎士比亚在 400 年前写下的那句话似乎成真——天地之大，比你所能梦想到的多出更多。

事实反复证明，对星系的研究决定了我们对宇宙的认识：优美旋转的旋涡星系、多姿多彩的棒旋星系、宏伟壮观的椭圆星系，它们都是宇宙的基本组成部分，也是我们永不停歇探索宇宙奥秘的引路石。

▎高速旋转

位于长蛇座内的南风车星系，编号为 M83。射电望远镜观测显示，在距离该星系中心很远的地方存在着高速旋转的低温氢气云，这应该是大量暗物质存在的结果。

宇宙的膨胀

河外星系的距离遥远到不可想象，可以是几百万光年，也可以是几十亿甚至上百亿光年。右边这张照片中的天炉座星系团距离地球大约6000万光年。

此外，由于宇宙的膨胀，宇宙距离在不断增大中。遥远星系的红移现象向我们揭示了宇宙膨胀正在进行：星系发出的电磁辐射在到达地球的漫长旅程中，由于宇宙空间自身的膨胀，其波长变大了。红移的程度可反映光的传播距离，也因此成为测量星系距离的可靠依据。

额外的旋臂

位于猎犬座内、距离地球约2000万光年的旋涡星系M106是一个所谓"赛弗特星系"，它的中心有一个极为活跃的黑洞。天文学家通过红外观测技术发现该星系有两条额外的旋臂（图中显示为红色），分别从星系盘面向上和向下盘旋而出。额外旋臂的形成极可能是星系核异常活跃的结果。

宇宙荒诞剧

Monster und Vielfraße

星系的舞蹈

人类是寄生在宇宙间的渺小蜉蝣,智人的出现是眨眼之前的事情。在那之后的 20 多万年里,宇宙的模样基本没有发生改变。人类的一生如此短暂,短暂到无从体会宇宙的变化——因为对宇宙来说,一个世纪顶多是长达十四卷的《宇宙全史》中的一个字符。

是的,我们能看到月亮如何盈亏变化,行星如何穿过黄道十二宫,夜空中不时有彗星划过,幸运时还可以看到遥远深空中的超新星爆发。然而,总的来说,宇宙始终以亘古不变的面貌呈现在人类眼中,星系世界就是"宇宙永恒"的例证。但如果让时间加速,我们就会看到旋涡星系的飞旋、尘埃云的聚合和星团的闪耀;我们会看到矮星系和球状星团簇拥在主星的周围,就像蜜蜂围绕着蜂巢飞舞;我们会看到作为宇宙基本组成部分的星系在如何改变着模样,它们的形状和外观如何随着宇宙的历史进程而演变。

你可能不会想到,宇宙中同样存在着先天注定还是后天影响的问题,也就是说,宇宙中发生的一切到底是由天体的内在性质决定的,还是受周围环境影响的。就像我们无法确定一个人的性格特征到底是先天遗传还是后天教育的成果一样,我们同样无法确定星系的特性在多大程度上是"与生俱来的",在多大程度上是"被后天环境诱发的"。如果不能见证星系的个体演化历程,我们就永远无法超越猜测的层面:棒旋星系中心明显的棒状结构是从星系诞生伊始就存在,还是逐渐形成的?如果是后者的话,那它究竟是如何形成的?过程又持续了多久呢?旋涡星系旋臂的松紧程度是固定不变的,还是在数十亿年间一直动态地变化着?神秘的透镜星系真的是两种星系间的过渡形态吗?如果是,这种演化是如何发生的,又向着哪个方向演化?

▌扭曲的星系盘

星系ESO 510-G13的星系盘扭曲得如同礼帽的卷边,这样的变形通常是由星系间的引力造成的。但本次事件的"肇事者"尚不确定。这个星系位于长蛇座内,距离地球约1.5亿光年。

婀娜的玫瑰

仙女座内距离地球约
3亿光年的地方有一对
不对称的旋涡星系，它
们被合称为Arp 273。
由于相距过近，相互间
的潮汐力使得两个星系
都发生了变形。在较大
星系的内部，我们可以
看到冲击波触发了大量
新生恒星（图中呈现
为蓝色）的诞生。

被拉扯的旋涡

M51（又名"涡状星系"）是第一个被发现具有旋涡结构的星系。它的一条旋臂看起来受到了旁边的伴星系NGC 5195的引力拉扯。这两个星系位于小型星座猎犬座内，距离地球约2500万光年。M51在双筒望远镜中就可以被观察到。

▌似近实远

那些在天空中看似相距不远的星系,真实距离往往很大。本照片中的两个星系就是这种情况:蓝色星系更近,其星系盘中的尘埃云被明亮的、更为遥远的背景星系(NGC 3314)衬托出来。事实上,这两个星系之间并没有引力相互作用。

但有一点可以确定的是:与人类一样,星系通常也不是孤立存在的。100多年来,埃德温·哈勃等多位天文学家都曾提及过"宇宙岛"的概念。除了少数例外,所有星系都是一个更大范围的天体系统——一个宇宙"团体"的一部分。银河系、仙女星系、三角星系和几十个矮星系组成了所谓的本星系群;在宇宙的其他地方,还存在着巨大的星系团和超星系团(见下一章)。就像人作为个体会受到周围环境的影响一样,星系也容易受到邻近星系的影响。

我们看不到星系间的这种相互作用是如何伴随着宇宙的历史进程而发生的,因为蜉蝣只能满足于宇宙展现给它的一帧凝固的画面,这种感觉就好比我们要从一张全家福中揣测家庭成员间的亲疏关系。幸运的是,星系间的相互作用远比人类社会中复杂的社会心理现象简单,也更好预测。在宇宙中,引力作用占主导地位,其作用效果可以通过一些简单可靠的公式精确地计算出来。

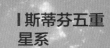

斯蒂芬五重星系

斯蒂芬五重星系是一个位于飞马座内、距离地球约3亿光年的星系群。五个星系中的两个（照片中心偏右处）几乎并合在一起。除了左上方的蓝色星系，其他四个星系都在引力的作用下发生了变形。蓝色星系是一个小型的前景星系，距离地球只有约4000万光年。

129

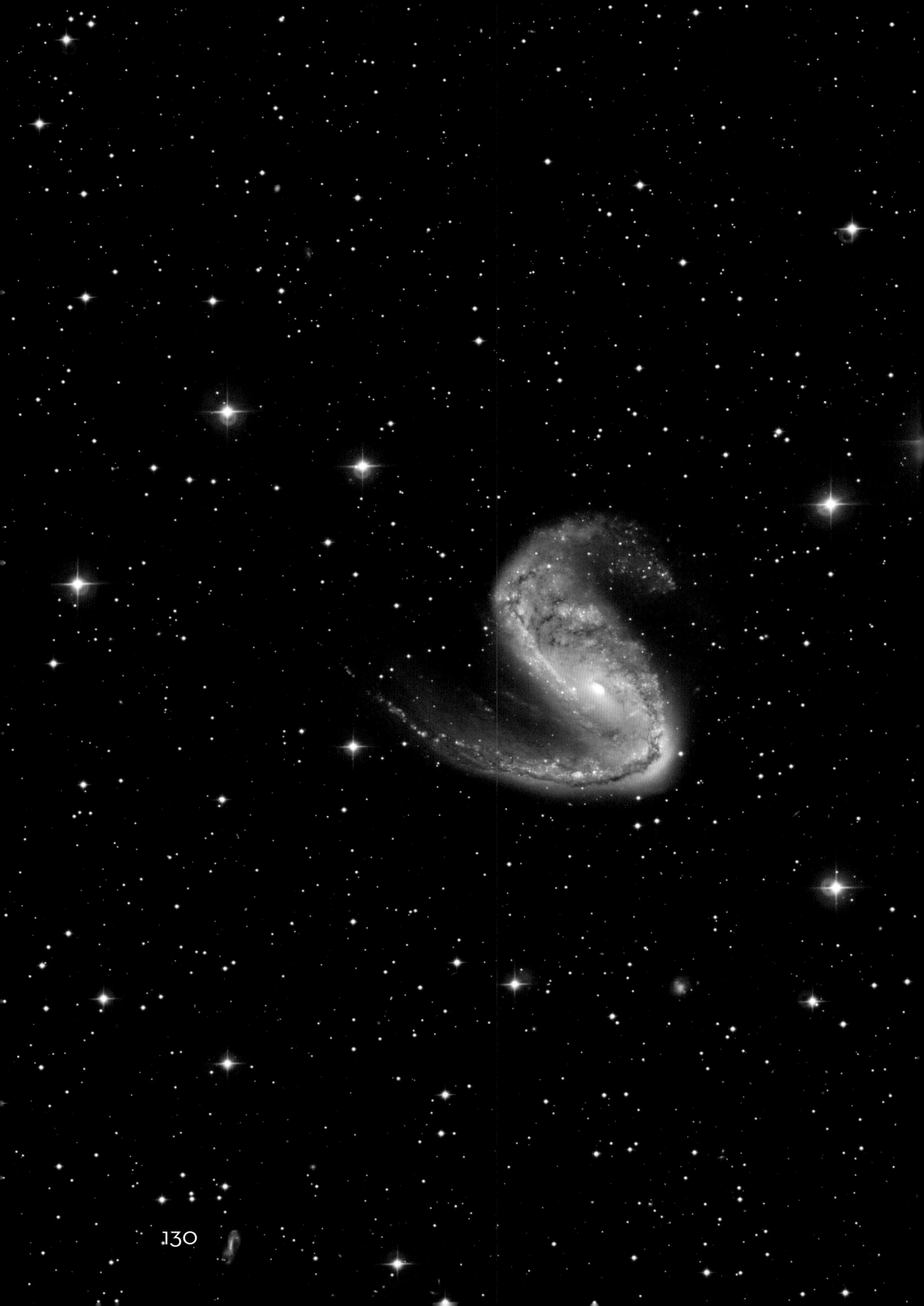

早在 19 世纪时，罗斯伯爵就已经观察到了星系间的相互作用。在为天体 M51 绘制的铅笔素描图中，他首次描摹出了该星系的旋涡结构。他还把这个位于猎犬座内的小光斑取名为"旋涡星云"。从罗斯伯爵的素描图中我们能够清楚地看到，这块"星云"的一条旋臂看上去有些变形，正伸向旁边一块更小的"星云"。是"小星云"的引力破坏了"旋涡星云"原本的对称结构吗？

如今，包括哈勃空间望远镜在内的多台天文设备已经对远在约 2500 万光年外的 M51（现名"涡状星系"）进行了详尽的观测，它的不对称结构确实是由邻近的小型星系 NGC 5195 造成的。NGC 5195 本身也发生了变形，并且程度严重到天文学家甚至没有办法确定它的星系类型。从地球上看过去，NGC 5195 就位于 M51 后方不远处，M51 那条变形旋臂中的尘埃云在 NGC 5195 背景星光的映衬下清晰可见。

天文学家们还发现，在宇宙的其他一些地方，有些星系在很近的距离内相互擦肩而过。在长达几千万年的时间里（虽然对宇宙来说只是一瞬），它们一直保持着相互影响，而这次相遇造成的后果，在几亿年后甚至还能看得到。这就好比你在旅途中曾经邂逅一位拥有高尚灵魂和强大人格魅力的朋友，短暂的相遇给你的人生带来了全新的转折和长久的影响。

相互路过的星系所产生的引力效应会使一个旋涡星系的星系盘发生轻微的翘曲，旋臂变形（被拉长或者被从对称的盘面中拉扯出来），两个星系间有时会形成一条狭长而稀薄的氢气桥，桥内镶嵌着熠熠生辉的恒星。当桥内的气体受到冲击、变得致密时，就会触发更多新生恒星的诞生。

上述这些相互作用可以用一个关键词来概括，那就是"潮汐效应"。相信大家对这个词都不陌生，因为月亮与地球海洋的相互作用造成了潮起潮落。当两个天体的大小相对于它们之间的距离来说足够大时，就会产生潮汐效应。地球表面的水体就是一个很好的例子。地球的直径为 1.28 万千米，大约是地月距离的 3%，这就意味着可以产生潮汐效应：朝向月球一侧的水体受到了比背向月球一侧的水体更大的月球引力，二者间的引力差就是月球的潮汐力。

星系间的相互作用与此类似。星系的运动（它们偏离原有轨道的方式）是由星系间的相互引力决定的。如果一个星系的某一侧比另一侧所受到的另一个星系的引力作用更为强烈，这一侧就会比另一侧发生更大程度的偏离。结果就是，相互作用的两个星系会沿着它们之间一条虚拟的连线被拉长（同样是在这种效应的影响下，地球表面的水体会被月球的引力拉长，在朝向月亮的一侧形成一个波峰，在地球的对侧形成另一个波峰）。

两个相距很近的星系之间如何相互作用，不仅取决于星系的质量、运动速度和相互距离，还取决于两个星系的运动方向和内部结构。如果涉及三个或更多个星系间的相互作用，情况就更加复杂了，比如斯蒂芬五重星系。

星系的相遇常常导致它们碰撞或并合。起初只是潮汐效应下的轻微变形，然后迅速引发一片混乱——物质急速地相对旋转，旋臂被拉长，气体和尘埃以条带的形式被抛向太空，新生恒星一波接一波地诞生……在下一节中，我们将走近这些场面宏大的宇宙"交通事故"现场。

就连我们的银河系也不能摆脱潮汐效应的影响。位于银河系"斜下方"的大、小麦哲伦星系造成了银盘的轻度翘曲。在遥远的将来，在银河系和仙女星系逐渐靠近的过程中，仙女星系的引力会给银河系造成更加严重的变形。

被毁容的星系

位于飞鱼座内、距离地球约5000万光年远的旋涡星系NGC 2442，因其不同寻常的外形而被称作"肉钩星系"。它的一条旋臂严重变形，旋臂内包含许多闪闪发光的恒星形成区，这是很久以前它与另外一个星系狭路相逢的结果。

碰撞与并合

美国导演朱丽·泰莫（Julie Taymor）执导的电影《弗里达》（Frida）中有一个令人非常震撼的慢动作镜头，描述的是1925年9月17日那天，日后的墨西哥著名女画家、当时年仅18岁的弗里达·卡罗（Frida Kahlo）在一次惨烈的巴士车祸中严重受伤的经过。镜头中的时间被大幅度放慢，发生在电光火石间的致命撞击被演绎成一场由摔落的人体、惊恐的眼神、扭曲的钢铁和四溅的玻璃碎片组合而成的"优雅芭蕾"。仿佛镜头再慢一点儿，时钟就要停止，时间就会凝固，作为观众的我们不由得完全沉浸于灾难发生的瞬间。

每当我欣赏由哈勃空间望远镜拍摄的天线星系的壮丽照片时，总会联想到上面这个电影场景。在下图这张照片中，两个发生了碰撞的星系在潮汐力的作用下，形成了两条长而弯曲的、由气体和恒星构成的潮汐尾，因此获得"天线星系"和"触须星系"的别称。于是可以说，观看照片的我们正在目睹一部宇宙灾难大片中的一帧静态画面。但是，要想根据这唯一的画面来推演发生在几千万光年外的一场宇宙"交通事故"的全过程，实在不容易。

I 宇宙的"天线"

两个星系发生碰撞后，在潮汐力的作用下，会向外甩出由气体和恒星构成的长长的潮汐尾。照片中的两个星系——NGC 4038和NGC 4039位于乌鸦座内，距离地球约4500万光年。它们在1785年被威廉·赫歇尔首次发现。几亿年后，它们俩将并合成一个星系。

▌青春重现

由于碰撞，两个星系内部都爆发了恒星诞生潮。这张由哈勃空间望远镜拍摄的近景照片清晰地呈现出发光的气体星云、明亮的年轻星团和被抛入太空的尘埃云。未来，银河系与仙女星系的相撞也可能引发这样大规模的恒星形成活动。

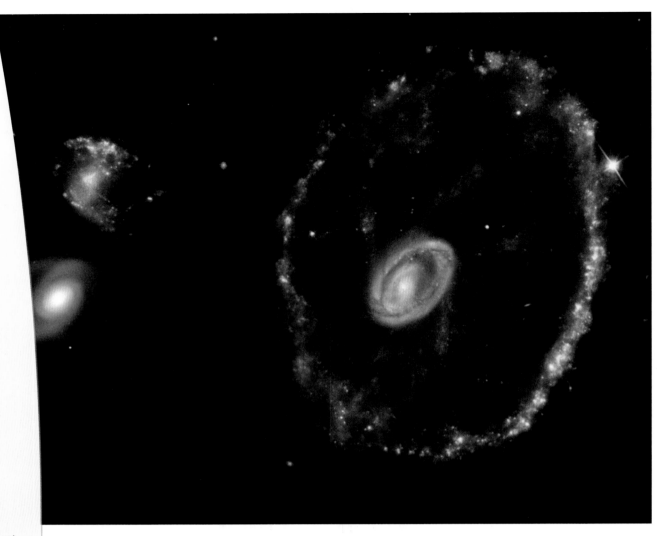

▍幸运之轮

车轮星系（ESO 350-40）距离地球约5亿光年，它那华丽醒目的外观来自与一个小星系的正面碰撞，后者很可能就是照片左上方那个变了形的蓝色旋涡星系。小星系从大星系中穿过，大星系中的气体和尘埃在冲击波的推动下向外散逸，形成一个巨大的圆环，环中有大量新生恒星形成。

1785 年，威廉·赫歇尔在小而不起眼的乌鸦座中发现了这两个星系。NGC 星表中，它们被编号为 NGC 4038 和 NGC 4039。到了 20 世纪 60 年代，美国天文学家霍尔顿·阿尔普（Halton Arp）在他的《特殊星系图集》（*Atlas of Peculiar Galaxies*）中将它们俩合并编号为 Arp 244。所有迹象都表明，这两个星系之间发生了一场宇宙大碰撞。但这一切到底是如何发生的？为什么会形成不对称的潮汐尾呢？

前面我曾经提到过，两个相邻星系的相互作用几乎完全由引力决定，并且可以用数学公式精确地阐述。但是，即使我们已经准确掌握了两个星系的大小、结构、运动方向和运动速度，还是没有哪个公式能够一次性计算出星系碰撞的结果。只有当我们把整个事件分解为无数个小步骤后，才能获得对事件过程的描述。我们必须计算出每颗恒星的运动方式，而这是被两个星系中其他所有恒星的共同引力作用决定的。

解决上述难题，现代超级计算机只需要几分钟。可在 20 世纪 70 年代初，图姆尔兄弟（Alar & Juri Toomre）使用的老式计算机需要花上好几周时间才能得到一个可以接受的结果，这个结果来自数百个小的分块计算。我至今还能清楚地回忆起自己当年的"大无畏精神"，那是在 20 世纪 80 年代初，我曾试图用我的 Commodore 64 家用计算机模拟两个星系的碰撞，整个过程持续了无比长的时间，然而一无所获。图姆尔兄弟首次合理解释了潮汐效应如何导致 NGC 4038 和 NGC 4039 "天线"结构的形成。先进的计算机模拟技术使今天的我们能够非常精确地了解它们的碰撞过程以及未来的发展趋势。我们已经弄清，这场碰撞大约发生在 6 亿年前，两个星系相互穿过。大约 3 亿年前，长长的潮汐尾形成了。如今万有引力正在对它们俩起着强烈的制动作用。大约 4 亿年后，这两个星系将并合成一个巨型椭圆星系——与银河系和它的近邻仙女星系在几十亿年后的命运一样。

合二为一

如果两个相撞的星系制动充分的话，最终会并合成一个更大的星系。位于巨蟹座内、距离地球约3亿光年的星系NGC 2623正处于并合的后期，长长的潮汐尾中不断有新生恒星诞生，两个星系原本的旋涡结构已经几乎无法辨认。

霹雳雪茄

位于大熊座内、距离地球约1300万光年的雪茄星系（M82）内表现出极为活跃的恒星形成活动，星系中心还有强烈的爆炸迹象，这可能是它与邻近的旋涡星系M81相互作用的结果。右图这张合成照片叠加了可见光（橙色、黄色和绿色）、X射线（蓝色）和红外线（红色）多个波段的观测结果。

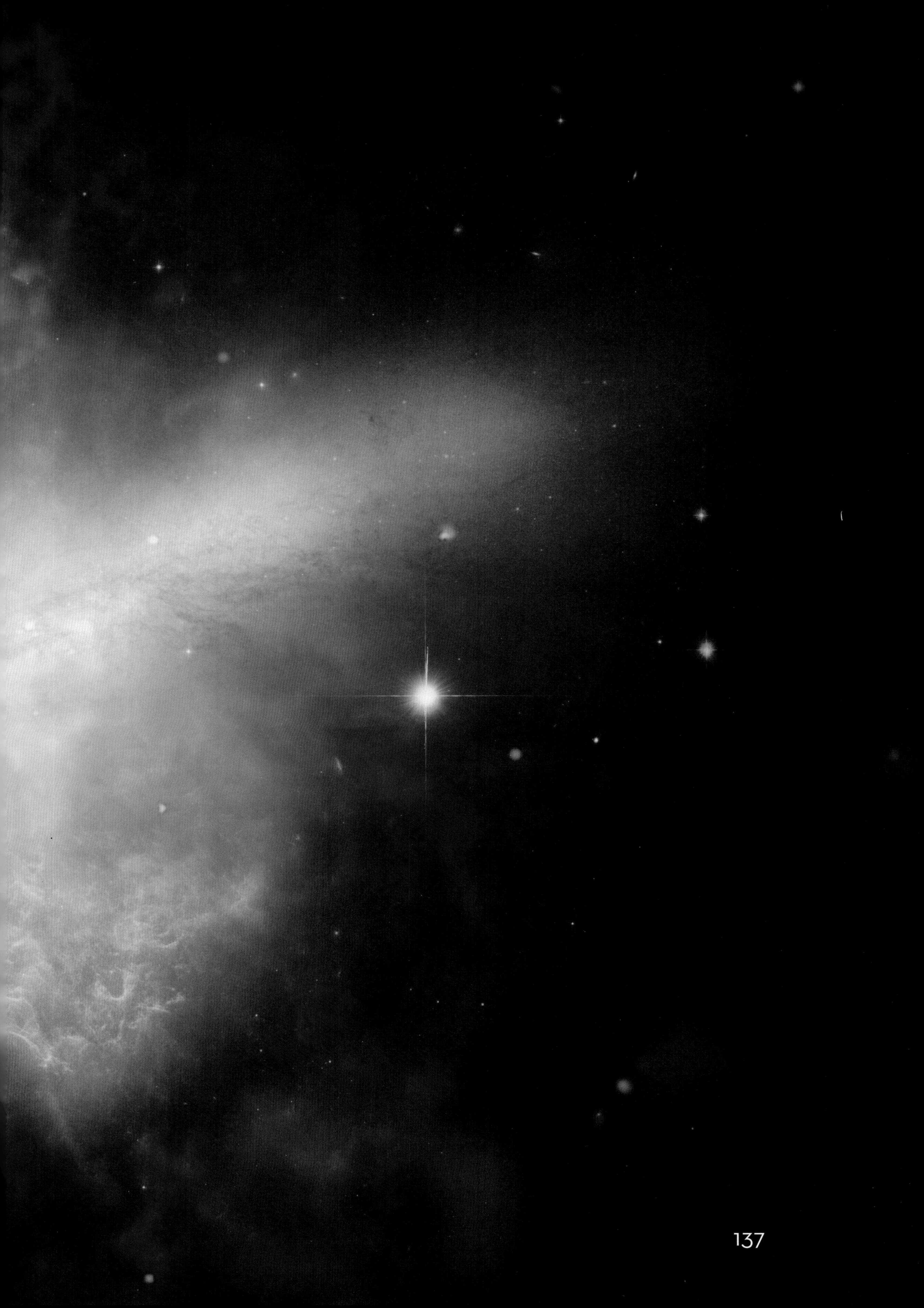

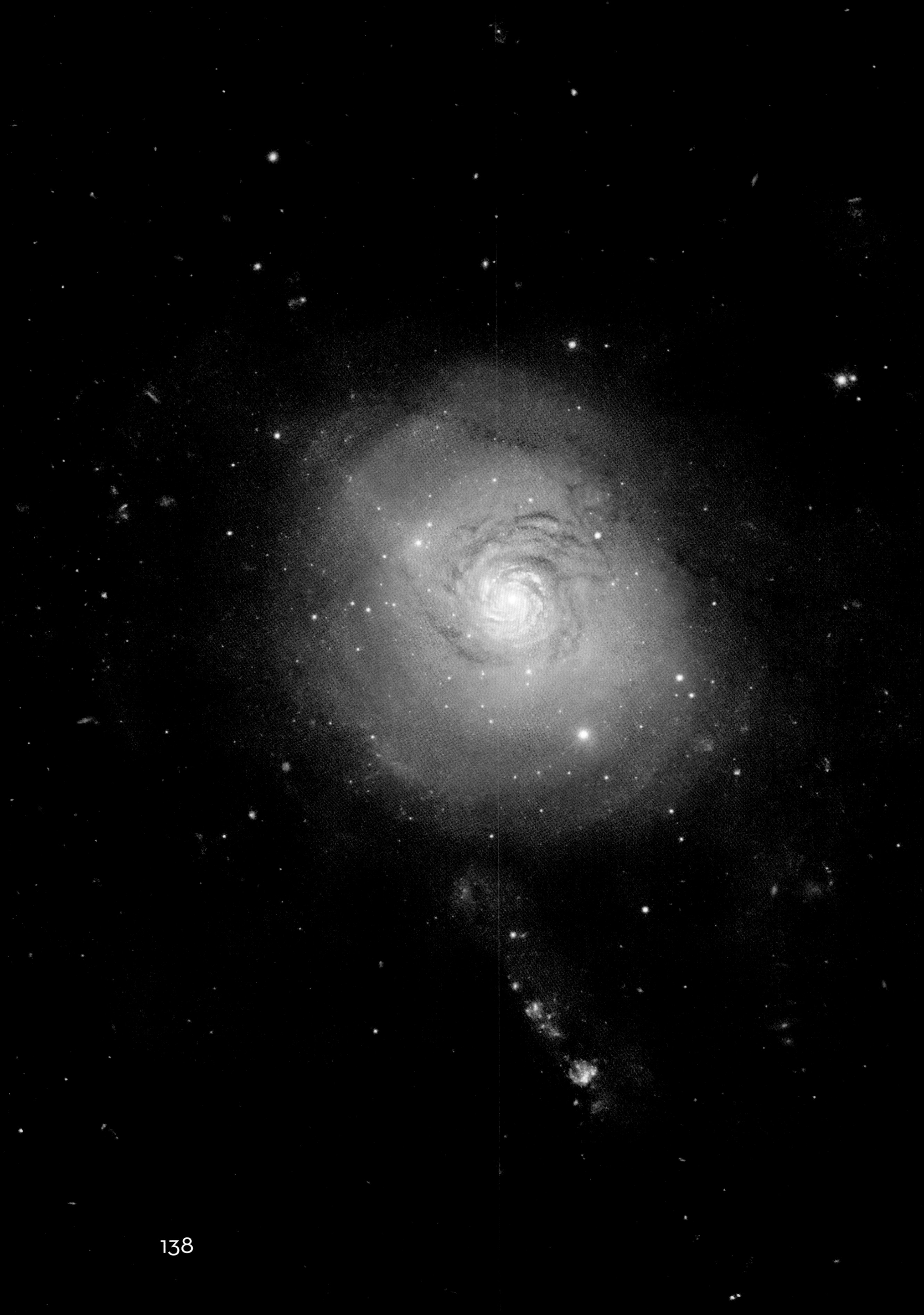

两个庞大的星系相互穿插而过，这听起来有点不可思议。然而星系内部并不是致密结构，星系中的恒星其实相对来说距离遥远，比如太阳和它最近的恒星邻居比邻星之间的距离大约是 40 万亿千米，而太阳的直径还不到 150 万千米，它们俩之间的距离是太阳直径的大约 2500 万倍。也就是说，不考虑暗物质和暗能量的话，星系内大部分空间是空荡荡的。

当然，两个星系相互靠近并碰撞时，星系内各颗恒星的运动必然会被来自其他所有恒星的引力作用严重影响。但由于恒星间的距离巨大，恒星相撞的可能性基本为零。两个星系穿插而过就像两个蚊群交错飞过，实际情况甚至更简单。

在引力的作用下，两个星系当然也会发生制动，这往往导致星系的并合。其他一些因素也在发挥着作用：恒星之间并非真空，两个星系中的稀薄气体和尘埃甫一相遇就会发生碰撞，迅速形成致密区，产生冲击波，冲击波向各个方向传播，在两个星系内扩散开来。然后在星系内其他地方，新的、炽热的恒星群就诞生了，几百万年后，它们可能又会以超新星爆发的方式走向灭亡。因此，由于星系碰撞，原本相对宁静祥和的星系（比如银河系）会变成风云诡谲的舞台，到处充斥着发光的气体、璀璨的新星和耀眼的爆炸。

新生恒星的诞生潮不仅会出现在两个相互碰撞的星系内部，还会出现在被拉扯出的潮汐尾中。潮汐尾中含有大量气体和尘埃，从中可以孕育出完整的星团。就像醒目的白色泡沫出现在海浪的浪尖，明亮的恒星形成区和闪耀的新生星团标记出两个星系相撞后作用最强烈的区域，那里是冲击波的波峰所在处，激荡的气体达到了最高密度。而密度波在星系内部如何传播，主要取决于两个星系相撞的角度。

著名的车轮星系就是一个相对较小的星系从几乎正上方垂直掉进一个旋涡星系的结果，就像一块石头掉进一个池塘中。碰撞产生的冲击波将大量气体以极高的速度推向外太空，在旋涡星系外围很远处形成一个闪闪发光的环状结构，环中有新生恒星不断诞生。辐射状的潮汐尾赋予星系以光彩夺目的外观，它的别名也由此而来。

威力巨大的碰撞渐渐平息后，灾难的痕迹依然清晰可见。一个大星系吞并掉一个较小的同类后，通常情况下，它会失去原来的对称结构，形成一个巨大的椭圆星系，其周围往往还包裹着一层由高温气体和暗弱恒星构成的外壳；伴随着碰撞的回响，外壳物质被渐渐向外吹散，这个结构只有在长时间曝光的照片中才能看到。在新星系的中心，天文学家还发现了反常的天体运动——有些恒星绕着星系中心逆向公转。

幸运的是，这种惨烈的宇宙"交通事故"对地球上的我们来说是遥远的。虽然它的发生将会彻底改变我们的生存状态——就像弗里达遭遇那致使命运发生转折的车祸一般，但是自从人类诞生以来，银河系还不曾承受过这种级别的宇宙大碰撞的影响。

可是从宇宙层面上看，几乎每个星系都会在某个时刻与一个或大或小的同类相撞，并承受大碰撞带来的后果。可以说，大多数星系如今的模样都要归功于宇宙早期的星系相食，我们将在本书的最后一章讨论这个话题。

星系是宇宙的基本组成单位，但它们并不像乐高积木块那样是静态的、一成不变的。它们先是形成较小的前体，然后彼此影响发生形状改变，相互碰撞并合成更大的星系。虽然研究进展非常缓慢，但我们一定能逐渐揭晓星系长达几十亿乃至上百亿年的详细演化过程。

| 创伤后应激障碍

大约10亿年前，在照片中这个地方，有两个星系发生了碰撞。这场宇宙灾难的后果至今仍清晰可见：气体和恒星形成稀薄的壳，中心有一个由恒星构成的小小旋涡结构，所有恒星都在绕着中心点逆向公转。这个星系编号为 NGC 7252，位于宝瓶座内，距离地球约 2.2亿光年。

活动星系核与类星体

当你看到本书中这些精美的星系照片时，很难想象就在一百年前，人类对于星系还知之甚少。在 18—19 世纪，随着天文望远镜口径的不断增大，人类观测到的"星云"数量急剧增加——从《梅西耶星表》中收录的大约 100 个，一下子扩增到约翰·德雷耳收集在《星云和星团新总表》（New General Catalogue of Nebulae and Clusters of Stars，NGC）中的将近 8000 个。然而，对于这些"星云"的性质、大小以及与地球之间的距离，天文学家们一无所知。直到 20 世纪 20 年代初，埃德温·哈勃才成功确定了仙女星系与地球之间的距离，此后再没有人能够否认，夜空中众多的旋涡状"星云"以及后来发现的那些椭圆形"星云"其实都是位于银河系外的遥远星系。

但是人类在一百多年前就知道，这些云雾状天体中的许多成员都具有非常特殊的性质。虽然不知道它们的距离和本质，但我们可以对它们发出的光进行精确的测量。于是很长时间以来，天文学家一直使用光谱技术分析天体发出的光。他们用光谱仪把接收到的光分解成单色光（就像雨滴将太阳的白光分解成单色光一样），然后非常精确地测出这些光在各个波长下的能量分布。由于每种化学元素都会吸收或发射特定波长的电磁辐射，因此光谱测量结果就可以揭示一个天体的化学组成。毫不夸张地说，光谱分析技术是除天文望远镜的发明以外天文学史上最伟大的技术突破。

20 世纪初，人们在许多"星云"中发现了所谓"吸收线"——相对较冷的气体原子会吸收特定波长的光，从而使这片"星云"的光谱中出现了相应的暗线。但是在 1908 年，天文学家发现了一个令人吃惊的现象：鲸鱼座的 M77 星云（后来被证实为星系）显示出明亮的发射线而不是黑暗的吸收线。这不禁让人猜测，在它的核心处（同样异常明亮）可能有极其炽热的气体发射着特定波长的辐射。在所谓"旋涡星云"都被证实是河外星系后，天文学家必须对下面这个事实做出解释：这些星系中的某一些为什么看起来比另一些具有更活跃的核心。

20 世纪 50 年代，美国天文学家卡尔·赛弗特（Carl Seyfert）发布了他对 6 个异常星系（包括 M77）的最新观测结果，这类星系因此被称为"赛弗特星系"。[1] 如今我们知道，宇宙中大约有 1/10 的星系属于赛弗特星系，其发射线的强度有所差别。但是在 20 世纪中叶，我们并不清楚为什么这些星系中心的气体原子处于如此活跃的状态。

早在 1918 年，美国天文学家希伯·柯蒂斯（Heber Curtis）——"旋涡星云位于银河系外"观点的代表人物——就发现某些云雾状天体的中心处呈现出不同寻常的景象。当时他为室女座的 M87 拍摄了一张细节丰富的照片，照片中的 M87 没有显示出旋涡结构，但有一个奇怪的、笔直的"光束"从该天体的圆形核心处发出，就好像那里正在向外发射一股细细的能量流。

第二次世界大战结束后不久，天文学家们展开了对宇宙射电波的研究工作。他们发现室女座内有一个强烈的射电源，恰好位于 M87 所在的位置。后来，天鹅座、半人马座内的强射电源也被陆续发现了，它们都位于大型椭圆星系内。这三个射电源被分别命名为"室女座 A"、"天鹅座 A"和"半人马座 A"，它们离我们很近，因此非常明亮，它们所在的星系都属于一个新的星系类型——射电星系。[2]

▌活跃的中心

位于鲸鱼座内、距离地球约 4700 万光年的棒旋星系 M77，其中心有一个巨大的黑洞。M77 是第一个被发现的赛弗特星系，它具有一个异常活跃的星系核。在这张由甚大望远镜拍摄的照片中，我们可以看到，在星系那暗淡的外围区域，大量气体云正在向外太空逃逸。

---

[1] 符合哈勃分类的星系通常被称为"正常星系"。还有一部分星系异常明亮，不能归入哈勃分类，这类星系被统称为"活动星系"，活动星系包含三个基本类型：赛弗特星系、射电星系和类星体。——译者注
[2] 指可探测到明显射电辐射的星系。——译者注

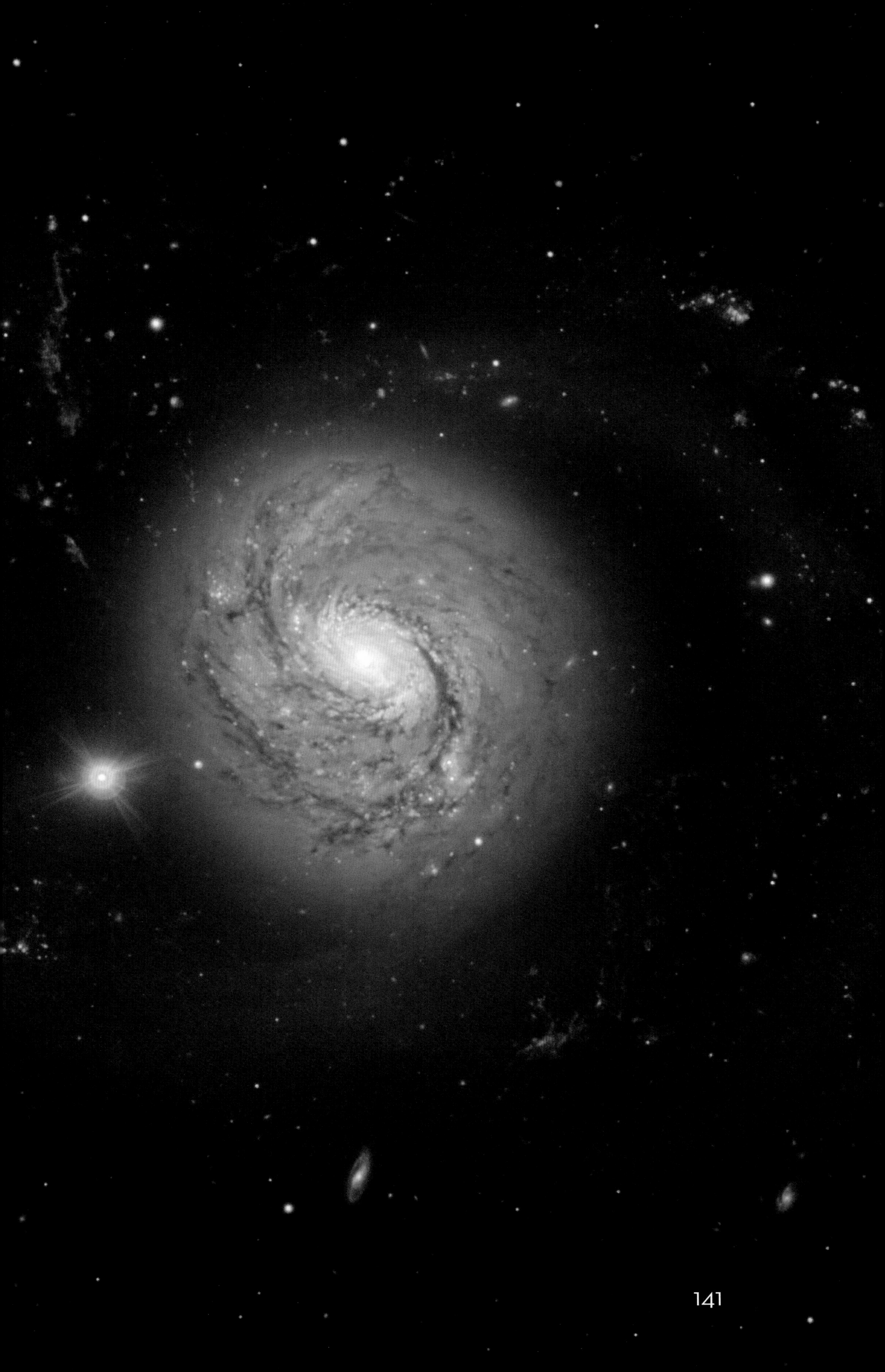

星之环

由新生恒星构成的、直径约5000光年的明亮光环是塞弗特星系NGC 1097中心的标志，那里隐藏着一个大质量黑洞。明亮的星系背景中，隐约可见一道道细窄的尘埃带。NGC 1097位于天炉座内，距离地球约4500万光年。

随着大型射电望远镜灵敏度的不断提升，人类现在已经发现了成千上万个射电星系，它们大多位于宇宙深处，都具有像室女座A（M87）那样醒目的喷流，这些喷流看上去是从星系中心发射出来的。在绝大多数情况下，我们会观察到两股喷流，它们以相反的方向射向太空。望远镜捕捉到的射电辐射就部分源于这些高能喷流中高速运动的电子，但更主要的是来自射电瓣内的电子。所谓"射电瓣"，是指喷流与星系周围稀薄的星际物质相互作用（并因此而减速）所形成的巨大圆形区域。

黑暗之"心"

M87是一个"超级"星系，拥有几十万亿颗恒星和上万个球状星团。在星系中心有一个巨大的黑洞，其质量约为太阳的60亿倍。这张由哈勃空间望远镜拍摄的照片清楚地显示了由黑洞造成的细长喷流。M87位于室女星系团中心。

大喇叭

星系3C 348位于武仙座星系团的中央。这个椭圆星系的中心有一个巨大的黑洞，质量相当于25亿个太阳。两股相反方向的带电粒子流从黑洞附近向外太空喷射而出。在美国甚大天线阵（Very Large Array，VLA）的帮助下，天文学家拍摄到了这两股延伸长度达150万光年的喷流（图中呈现为玫瑰红色）。

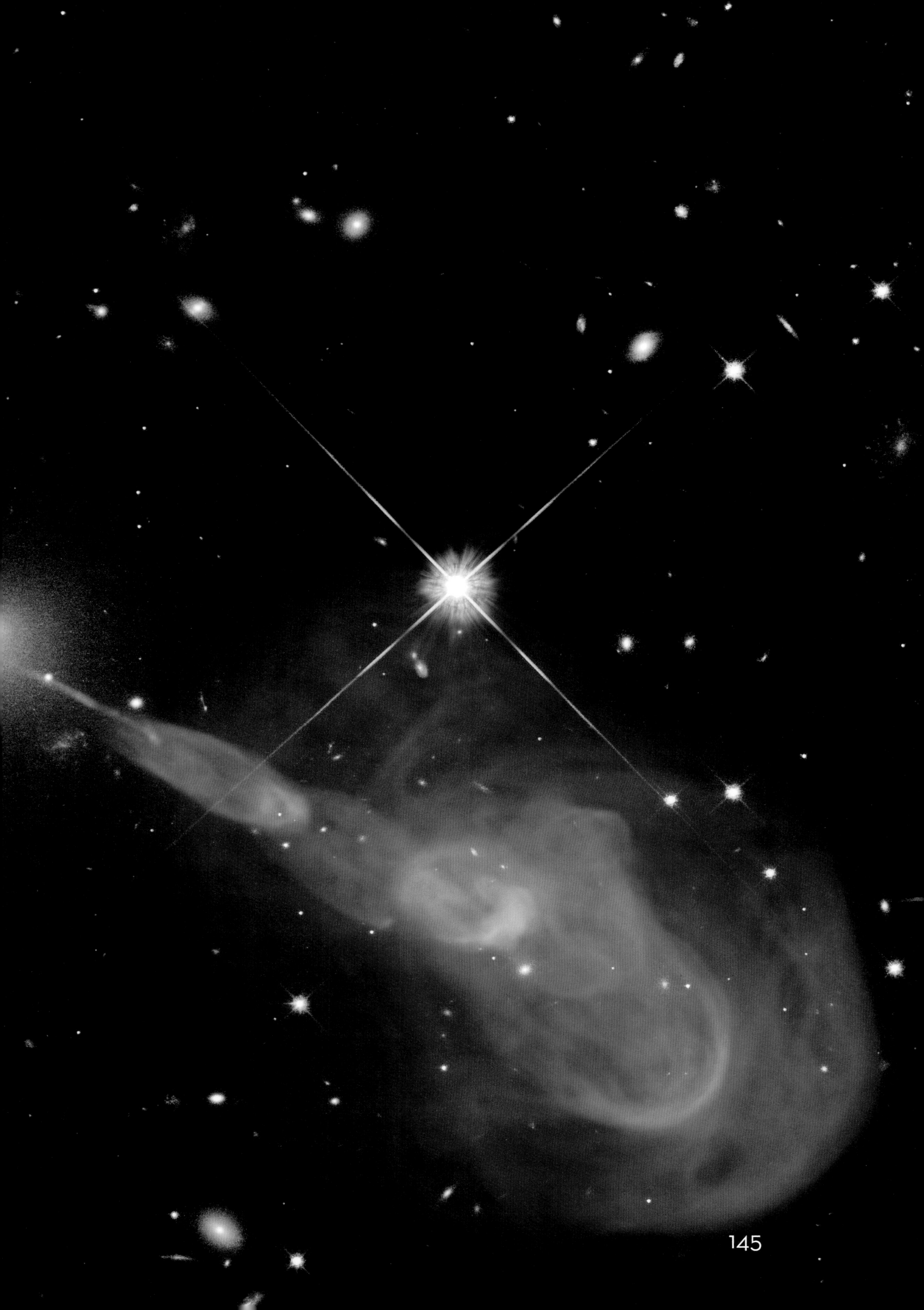

首个被发现的类星体

1962年末，马丁·施密特发现神秘的射电星3C 273并不是银河系中的一颗普通恒星，而是所谓的"类星体"。这个距地球20亿光年之遥的星系有一个极为活跃的星系核，其光辉使星系其他部分黯然失色。在这张由哈勃空间望远镜拍摄的照片中，我们还可以看到3C 273的喷流。

在 20 世纪 50 年代开始前，被人类发现的宇宙射电源还不是很多，但是进入 20 世纪 50 年代后，射电天文学开始蓬勃发展。英国剑桥大学穆拉德射电天文台（Mullard Radio Astronomy Observatory）前后发布了若干份射电源表，其中 1959 年发布的《剑桥第三射电源表》（Third Cambridge Survey，3C）最为详细，包含有数百个射电源。这样的射电源通常位于某个星系内，但也有些射电源，天文学家无法将其和某个已知的天体联系起来，主要原因是无法准确测定它们在天空中的位置。其中一个这样的射电源被编号为 3C 273，它位于室女座内，然而在 1962 年秋，月亮恰好从这个射电源前方经过，天文学家因此确定了该射电源在天空中的准确位置。乍看上去，这个特别强烈的射电源只是银河系内一颗毫不起眼的恒星。但是在 1962 年末，荷兰裔美籍天文学家马丁·施密特（Maarten Schmidt）分析了这颗神秘"射电星"的光谱，他发现，这个天体实际距离地球竟有约 20 亿光年之遥。所以，3C 273 一定是一个遥远但能量极高的星系。不久后，更多这种类似恒星的射电源被发现，并被定名为"类星体"。赛弗特星系、射电星系和类星体都属于活动星系。所谓"活动星系"，是指拥有高能核心（即活动星系核，英文缩写 AGN）的星系，核心周围区域的高温气体可以产生明亮的发射谱线。

活动星系不仅会发出大量的可见光和射电波，还会发出大量高能的紫外线和 X 射线。比如椭圆星系 M87 不仅是强烈的射电源（室女座 A），还是强烈的 X 射线源（室女座 X-1），作为后者，它是天文学家在 1965 年进行火箭实验时发现的。

尘埃密布的星系中心

在活动星系NGC 5128（半人马座A）的中心，明亮的恒星形成区和幽暗的尘埃带交织。该星系中心（照片左上方）有一个质量巨大的黑洞，其质量约为太阳的5500万倍。带电粒子束从黑洞周围向外太空喷射而出（本照片中未呈现）。

根据观测到的星系特征，不同类型的活动星系又被细分为各个子类：赛弗特星系可分为I型和II型；射电星系可分为FR I型和FR II型[①]；类星体可分为射电噪型和射电宁静型。除此之外，这些特殊星系中还存在其他一些类型或子类型，比如耀变体（blazar）、蝎虎座BL型天体（BL Lacertae，以蝎虎座BL命名）和光剧变（OVV）类星体，后者发射的可见光会发生剧烈的变化。

与埃德温·哈勃将星系分为旋涡星系、棒旋星系和椭圆星系（每种类型也划分为若干子类）一样，从20世纪中叶以来，天文学家也为活动星系建立了分类。这显示出他们对共性和特性的执着追求，正是这种执着，帮助人类更好地理解了宇宙的多姿多彩。

对活动星系来说，各个类型之间的外观差异很可能主要源于观察角度的不同：是从星系的正上方观察它（迎着高能喷流的方向），还是从侧面观察它（这样虽然能更好地观察喷流的形状，但过于明亮的星系核会在一定程度上令喷流显得暗淡）。从不同的角度观察会令我们得出大相径庭的结论，但所有活动星系都有一个共同的特征，那就是这些高能星系的"中央引擎"都是一个超大质量黑洞，就像藏在银河系中心的那个黑洞一样。

[①] 字母FR代表创建此分类的两位天文学家法纳罗夫（Fanaroff）和赖利（Riley）。——译者注

超大质量黑洞

据科学家估计，我们的宇宙中存在着几千亿个星系。在几乎所有星系的深处，都隐藏着一个黑暗的秘密——一个巨大而贪婪的黑洞。这些"宇宙饕餮"中的一些隐忍低调，另一些则通过吞噬周围的气体云乃至整颗恒星来宣扬自己的存在，最高调的例子就是那些高能X射线源，它们像灯塔一样在浩瀚的宇宙中闪耀。这些超大质量黑洞数量众多、神秘莫测，它们的起源至今仍然是个谜。

爱因斯坦的相对论预言了黑洞的存在。当一颗大质量恒星在灾难性的超新星爆发中死亡后，其核心部分将坍缩成致密的中子星，如果恒星的质量足够大，则坍缩为黑洞。黑洞是一种具有超强引力场的神秘天体，连光线也无法逃脱它的吸引。

许多年中，黑洞一直是存在于理论预言中的新奇事物。1971年，有天文学家发现X射线源天鹅座X-1处存在一个非常古怪的天体，其质量约为太阳的15倍。同年，英国天文学家唐纳德·林登贝尔（Donald Lynden-Bell）和马丁·里斯（Martin Rees）提出：在银河系中央可能隐藏着一个质量巨大的黑洞。就像我在前面讲过的那样，这个质量约为400万个太阳的超大质量黑洞如今已经被证实存在。银河系当然不是宇宙中的例外，现在人们普遍认为，宇宙中几乎所有星系都拥有一个这样的超大质量黑洞。

黑洞本身是不可见的，但它的强大引力场会出卖它。1987年，天文学家通过测量M32（仙女座星系的椭圆伴星系之一）中恒星的运动速度，推断该星系的中心必然存在一个黑洞，且其质量是太阳的几百万倍。仙女星系的中心也有一个黑洞，其质量至少是太阳的1亿倍。

对于特别遥远的星系，通过测量其中单颗恒星的运动速度来证明黑洞的存在是行不通的，但我们有其他的办法可以达到同样的目的。被黑洞吸收的气体在掉入事件视界之前，会形成一个扁平、旋转的盘状结构，即所谓"吸积盘"。盘中气体炽热无比，会放出大量的X射线。而X射线的辐射总量可以作为黑洞质量的度量标准。另外，一小部分气体会沿着吸积盘的自转轴向两个相反的方向高速喷向太空。

前面我们说过，几乎所有活动星系都具有这样的喷流。它们很可能受到星系中心黑洞附近的强磁场的加速作用。现在我们毫不怀疑，在每个射电星系的中心都有一个超大质量黑洞存在，而类星体的高能输出也是拜其中心的巨大黑洞所赐。在过去几十年间，天文学家已经成功地计算出许多超大质量黑洞的质量。银河系中心的"恐怖怪兽"——人马座A＊是这类黑洞中特别不起眼的一个，其质量只有太阳的约400万倍。几亿个太阳质量的黑洞才是宇宙的常态而非特例，更大质量的例子也比比皆是。

▎吸积效应

天鹅座X-1是第一个被验明正身的黑洞。它吸收了一颗伴星的物质（见图下部的吸积盘），气体在被吸入黑洞前释放出高能X射线。银河系中可能存在数以百万计像天鹅座X-1这样的恒星级黑洞，它们经超新星爆发而形成。

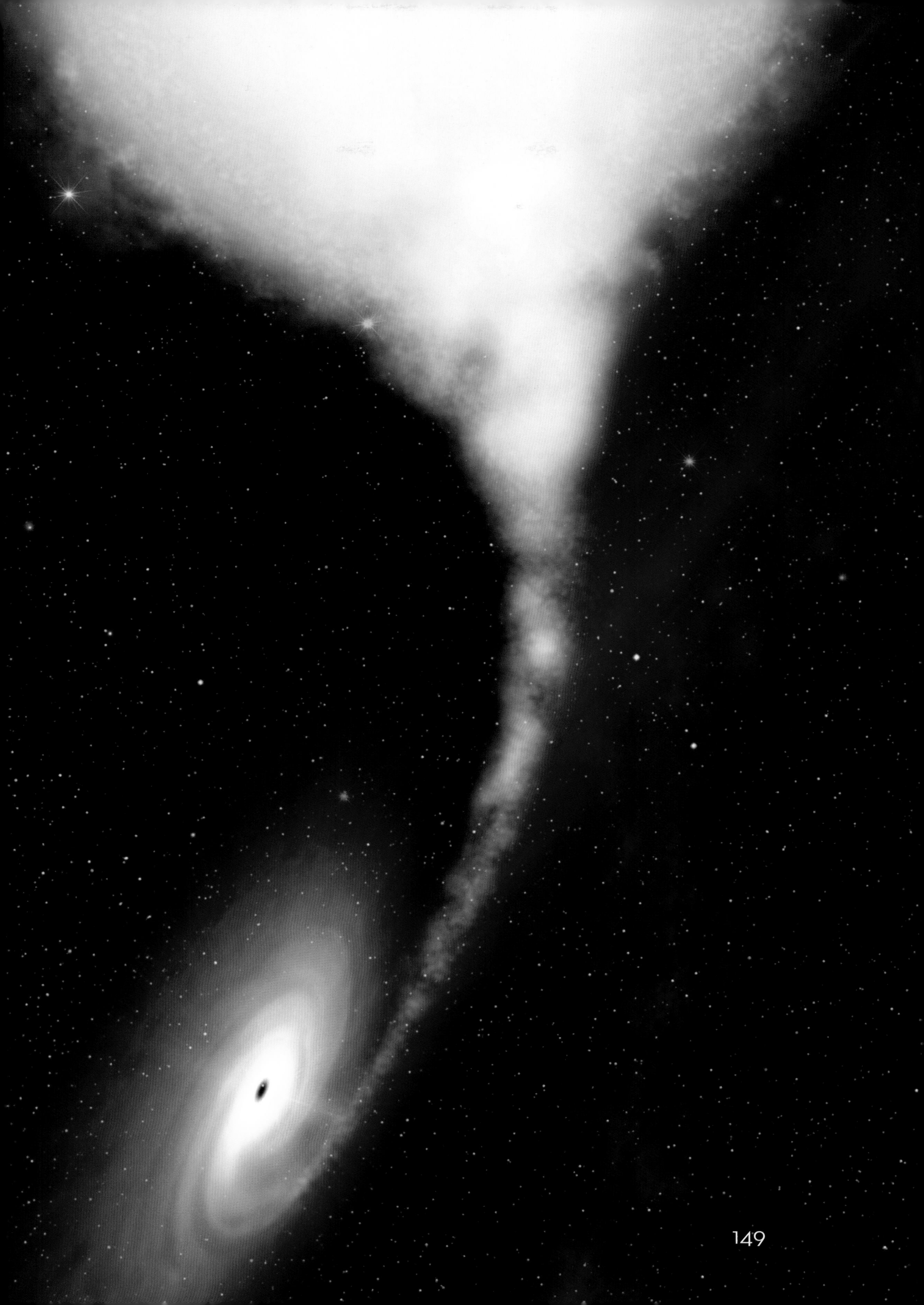

化石级大黑洞

第一眼看上去,你不会想到英仙座星系团中那个狭长的星系NGC 1277会含有一个质量是太阳几十亿倍的黑洞。这个星系几乎全部由极其古老的恒星组成,它是早期宇宙遗留下来的"化石星系"。NGC 1277距离地球约2.2亿光年。

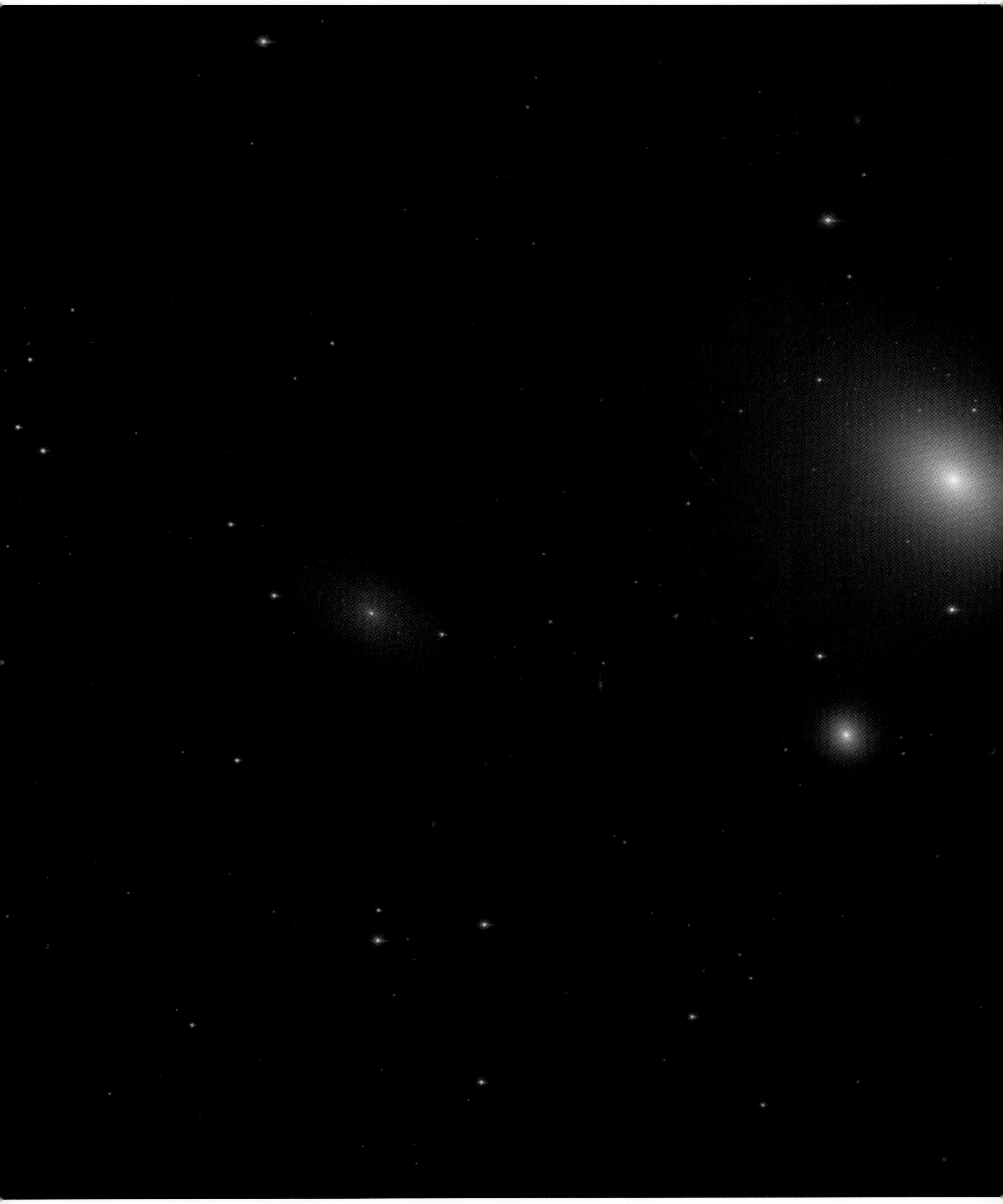

▎类星体大特写

在这张艺术感十足的示意图中，高能带电粒子构成的喷流正从星系中心超大质量黑洞附近向太空喷射而出，强磁场可能在这个过程中发挥着作用。中心黑洞被炽热的吸积盘包围着，再往外是一圈厚厚的、几乎不透光的尘埃层。

邻近宇宙的最大质量黑洞纪录保持者无疑是 M87 星系的中心黑洞。M87 是位于室女座中的椭圆星系，也被称作"室女座 A 射电源"。天文学家对该星系中心处恒星的运动速度进行了测量和统计，结果表明，该星系中心黑洞的质量是太阳的 60 亿倍，是银河系中心黑洞人马座 A＊的 1500 倍。虽然 M87 中心黑洞到地球的距离（约 5350 万光年）是人马座 A＊到地球距离的 2000 倍，但因其质量巨大，天文学家希望在不久的将来能够获得有关它的更详尽信息，就像已经从人马座 A＊处获得的那样。

距地球 104 亿光年之遥的星系 TON 618

的中心黑洞比 M87 的中心黑洞还要重上 10 倍。所有数据都表明，这是一个拥有 660 亿倍太阳质量的"巨无霸"黑洞，目前尚未确定发现比它质量更大的黑洞。

另外，星系（或者说星系核）的质量与中心黑洞的质量看起来是相关的。当然也有很多例外，比如银河系的中心黑洞就相对较轻，而仙女星系的中心黑洞又相对较重。但总体来看，我们可以说，如果一个星系的总质量是另一个星系的 5 倍，那么它的中心黑洞的质量也是后者中心黑洞质量的 5 倍。这不由令我们产生一个猜想：超大质量黑洞的成长在某种程度上与其宿主星系的成长是有关联的。

银河系中心的"怪兽"们

位于太空中的X射线望远镜为我们拍摄到了银河系中心区域那些炽热的天体和结构。数目众多的X射线星本质上属于恒星级黑洞或中子星。照片中部偏右下方的蓝色光点就是人马座A★——一个质量约为400万倍太阳质量的巨大黑洞。

┃昨日明星

想象一下，凑近观察遥远的类星体ULAS J1120 + 0641，它会是什么模样：环绕着中心黑洞的炽热吸积盘在磁场的作用下扭曲着，气体沿着自转轴高速喷向太空。在宇宙大爆炸后大约8亿年，这个类星体是当时整个宇宙中最明亮的天体之一。

现在我们已经知道，大质量的、活跃的黑洞会对宿主星系的演化产生重大影响。一方面，吸积盘发出的高能辐射将炽热的气体吹向太空，这会阻止低温的气体和尘埃云形成新的恒星，甚至会使恒星形成活动完全停止。另一方面，如果有大量新的气体进入星系核（比如发生了与另一个星系的碰撞），中心黑洞的质量将大幅增加。两个星系相撞时，它们各自的中心黑洞最后会并合成一个超级庞大的黑洞。

近年来，有关星系中心超大质量黑洞的很多奥秘都被解开了，但有两个问题至今未明：一是这些胃口惊人的"宇宙饕餮"到底是怎样生成的，二是它们是如何变得如此庞大的。黑洞的生长速度是逐渐降低的，因为当太多气体被黑洞吸收后，高温产生的辐射会形成反压力。宇宙到如今大约有 138 亿岁，所以我们可以猜测黑洞有足够的时间成长为现在的大小，M87 那有 60 亿倍太阳质量的中心黑洞就是如此。但是另外一些黑洞，它们的质量在宇宙初期就已经大到不可思议。比如天文学家在牧夫座中发现了一个明亮的类星体，它距离

地球 131 亿光年，也就是说，该类星体发出的光要经过 131 亿年才能到达地球，所以我们看到的是它 131 亿年前的样子，当时宇宙只有 7 亿岁。引起我们关注的是，这个类星体的中心黑洞在那时就已经拥有 8 亿倍于太阳的质量！

所以，一个最大的谜团是：超大质量黑洞最初是如何形成的？因超新星爆发而形成的黑洞顶多只有几十个太阳质量。一种可能的情况是，早期宇宙中的第一代恒星比当今宇宙中最重的恒星还要重得多，它们死后留下了几百倍于太阳质量的黑洞。同时，我们也不能排除另一种可能的情况，在宇宙初期，有些巨大的氢气云在自身引力的作用下直接坍缩成黑洞。

但即便如此，这些黑洞在最初阶段也需要经历飞速的成长。眼下，似乎还没有什么办法可以轻松地解开这个谜团。未来，随着天文望远镜对宇宙探索的进一步深入，我们可以看到宇宙更早期的面貌。也许通过这种方法，我们就能在第一代星系中发现如今这些超大质量黑洞的萌芽状态。事实将再一次证明，星系是打开宇宙奥秘之门的钥匙！

┃极远之地的重量级选手

照片中央那个不起眼的小红点就是ULAS J1120＋0641——人类发现的最遥远的类星体之一。ULAS J1120+0641位于狮子座内，距离地球约130亿光年。该星系明亮的中心处有一个重达20亿倍太阳质量的黑洞。这个遥远的类星体展现在我们眼中的是它在宇宙8亿岁时的模样。

巨眼观天

架设在地面和太空中的大型天文望远镜是天文学家探索宇宙的有力工具。2021年，哈勃空间望远镜的继任者——詹姆斯·韦伯空间望远镜（James Webb Space Telescope，JWST）被发射升空，它的口径达6.5米。右侧照片中显示的是隶属于欧洲南方天文台的欧洲极大望远镜（European Extremely Large Telescope，E-ELT），它的规模更加宏伟。这台望远镜坐落在智利北部阿马索内斯山顶，目前仍在建设中。它的主镜直径达39.2米，由数百个小镜片拼接而成，建成后将成为天文学史上迄今为止最大的望远镜。这架新一代光学与近红外望远镜使人类得以探索那些位于宇宙边缘的星系，追溯它们最初的模样。与此同时，可用于其他波段（如X射线、微波、射电波）观测的天文望远镜也在陆续建设中。

| "天炉"中的星系团

在这张天炉座星系团的照片中可以看到数百个星系。照片由位于智利的VLT巡天望远镜拍摄。该星系团位于天炉座内，距离地球约6000万光年。那些明亮星系周围的圆形光斑是由望远镜和相机的镜头反射造成的。

星系团

Galaxienhaufen

星系集合

在清朗的春日夜晚，如果你朝着夜空中室女座和狮子座的方向望去，你的视线将直抵一大群星系的中心：这群星系的右边是狮子座 β 星——五帝座一（Denebola，阿拉伯语"狮子尾巴"的意思），它是一颗距离地球约 36 光年的年轻而炽热的恒星；左边是室女座 ε 星——东次将（Vindemiatrix，拉丁语"葡萄采摘者"之义），它看起来比五帝座一暗弱一些，这是因为它距离地球较远，有约 110 光年，实际上它是一颗光度很强的巨型恒星。在这两颗恒星之间那片看似空旷的区域里，存在着一个距离地球几千万光年远的巨大的星系集合——室女星系团。虽然我们用肉眼无法看到它，但是一台小型业余天文望远镜就足以帮助我们捕捉到它的身影。

早在 18 世纪末，法国天文学家查尔斯·梅西耶就发现，这一小块星空密密麻麻地布满了"星云"，《梅西耶星表》中 1/6 的天体都汇聚于此。除了 16 个相对明亮的梅西耶天体外，这里还包含上千个光线暗弱的星系。据估计，总共有大概 1500 个星系分布在这片跨度约为 1000 万光年的天区里。

如今，天文学家已经对室女星系团的空间结构有了清晰的认识。它看上去由三个群落组成，每个群落都以一个大型椭圆星系为中心。巨大的 M87 星系就是三大"领袖"之一，该星系中心有一个几十亿倍于太阳质量的黑洞。室女星系团的中央大多是椭圆星系和透镜星系，而旋涡星系则多位于星系团的边缘地带。距离测量结果表明，这个星系团的空间形状并不是球形，而是沿着我们的视线方向一直延伸到宇宙深处很远的地方。

室女星系团并不是天空中唯一的星系团，但它是离我们最近的星系团，只有约 5400 万光年远。在更北一点的夜空中，不起眼的后发座内，有拥有大约 1000 个成员星系的后发座星系团。后发座星系团中的星系都十分暗弱，整个星系团看起来也非常小，原因很简单：它太遥远了，离我们约 3.2 亿光年。其他比较著名的星系团（均以所在星座命名）还包括武仙座星系团、英仙座星系团、天炉座星系团、长蛇座星系团和半人马座星系团。

20 世纪 50 年代末，美国天文学家乔治·阿贝尔（George Abell）率先对星系团展开系统研究。阿贝尔的研究对象是帕洛玛天文台口径 1.2 米的施密特望远镜（Schmidt telescope）所拍摄的星空照片，这些照片属于美国国家地理学会参与资助的"帕洛玛巡天计划"（Palomar Observatory Sky Survey，POSS）的工作成果，共包括将近 2000 块玻璃底片，每张底片上都记录了成千上万的恒星和星系。

怀着无与伦比的耐心，在一台灯箱和一把放大镜的陪伴下，阿贝尔搜寻着星系的群集情况。1958 年，他发布了第一份星系团表，该表包含 2712 个位于北天的星系团。后来这份星系团表又添加了位于南天的星系团（由澳大利亚某天文台拍摄），总数达到 4073 个。在此表中，后发座星系团被编号为"Abell 1656"，天炉座星系团则是"Abell S373"。（有趣的是，离我们最近的、庞大的室女星系团却没有阿贝尔编号，这是因为它在天空中的覆盖面积太大了，足足跨越了好几张底片。）

I "少女"星系团

位于室女座内的室女星系团是离我们最近的大型星系集合。该星系团的中心距离地球约 5400 万光年。在这张全景照片中，巨大的椭圆星系 M87 位于照片中心偏右上一点的位置。室女星系团估计拥有超过 1000 个成员星系。

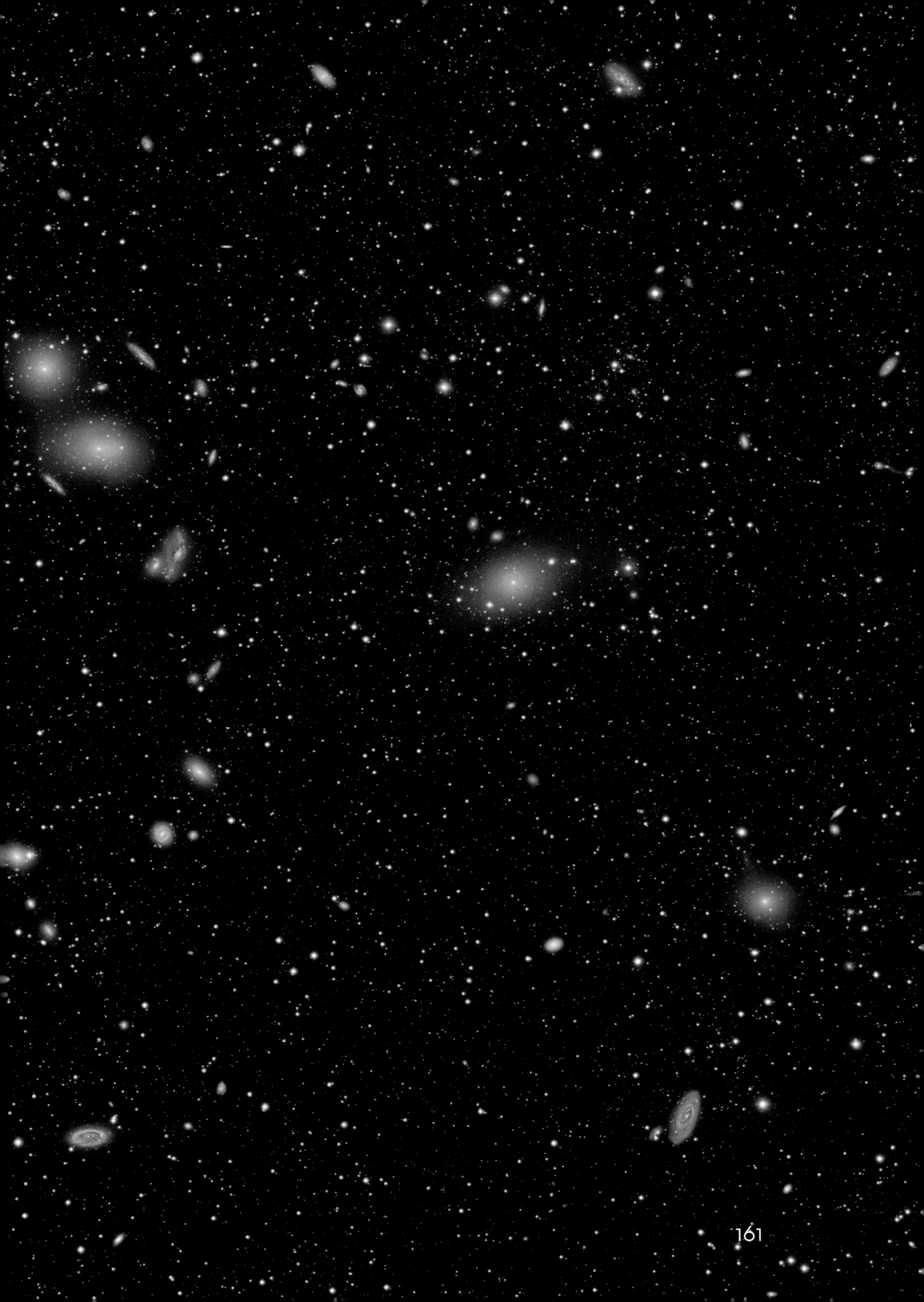

被干扰的星系

NGC 4911是后发座星系团中一个引人注目的旋涡星系。在靠近星系中心处,气体和尘埃构成了显眼的旋臂。在距离星系中心较远的外围区域,还存在有隐约可见的、由气体和恒星构成的旋涡结构。这个稀薄的结构是受星系团中其他星系的引力干扰的结果,因为NGC 4911恰好位于后发座星系团中的星系密集区。

后发座星系团

后发座星系团比室女座星系团遥远得多，距离地球约3.2亿光年。这个星系团含有1000多个成员星系，因其位于不起眼的后发座内而得名。该星系团的两个"领袖"是巨大的椭圆星系NGC 4874和NGC 4889。

当我们对天空中密集分布的暗弱星系进行观察时，很难断定它们是否真的属于同一个星系团，因为这些星系与地球的距离可能天差地远，只是看上去相隔不远。阿贝尔测量了这些星系的视亮度，以计算它们与地球的距离。阿贝尔还发现，这些星系团中的某一些看起来组成了一些随机分布的小群落，但群落之间并无联系。伊丽莎白·斯科特（Elizabeth Scott）和耶日·内曼（Jerzy Neyman）尝试用数学方法来解决这一问题。他们对已有的星系数据进行了全面的统计分析，并于1958年发表了研究成果，那年正好是阿贝尔第一份星系团表发布的年份。斯科特和内曼证明出宇宙中不仅存在着数量众多的星系团，还存在着更大规模的超星系团。阿贝尔虽然也有这个想法（他称其为"更高级别的星系团"），但他没能证实自己的猜想。

如今我们知道，室女座星系团位于超级庞大的室女座超星系团（也称"本超星系团"）的中心，这个超星系团的跨度达上亿光年。包括银河系和仙女星系在内的本星系群是位于本超星系团最外围区域的一个小小的星系群落。比较有名的超星系团还包括半人马座超星系团和英仙－双鱼超星系团等。这样就产生了宇宙的层级结构：若干星系形成小的星系群，很多小星系群组成一个星系团，多个星系团又组成一个庞大的超星系团……

要想对所有星系在宇宙中的空间分布有一个整体性认识，我们不仅要知道每个星系在天空中的位置，还要知道它与地球间的距离。幸运的是，这并不难，因为宇宙从诞生那天（138亿年前）起就一直在膨胀。因为所处的空间在不断扩张，遥远星系发出的光波在穿越宇宙的漫长旅程中被拉长了。于是当光波到达地球时，它的波长会比出发时长一些，表现为光谱的谱线向红端移动一段距离。红移量越大，说明光波波长的增幅就越大，距光源的距离也就越远。1962年，马丁·施密特就是用这种方法测出了神秘的射电星3C 273与地球之间的距离。

武仙座星系团

这个星系团位于北半球
夏季星座武仙座内，拥
有数百个成员星系，距
离地球约 5 亿光年。武
仙座星系团所含的星系
种类十分丰富，并且星
系之间表现出明显的相
互作用。本照片由位于
智利的欧洲VLT巡天望
远镜拍摄。

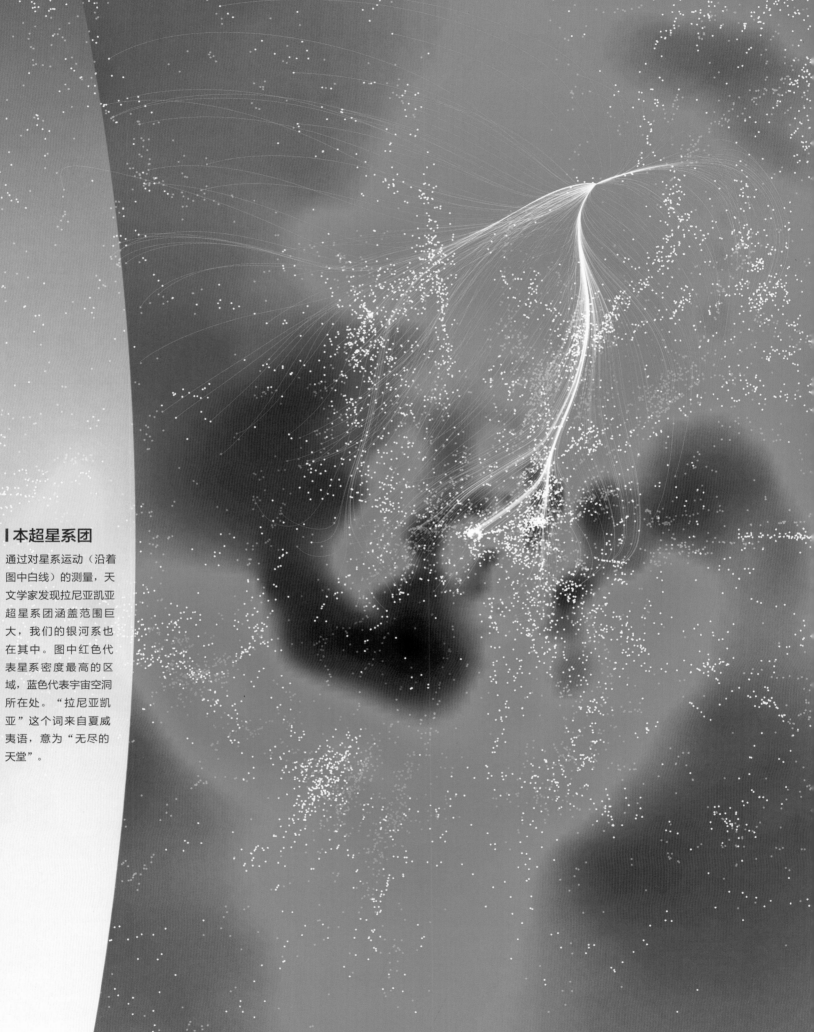

本超星系团

通过对星系运动（沿着图中白线）的测量，天文学家发现拉尼亚凯亚超星系团涵盖范围巨大，我们的银河系也在其中。图中红色代表星系密度最高的区域，蓝色代表宇宙空洞所在处。"拉尼亚凯亚"这个词来自夏威夷语，意为"无尽的天堂"。

现代天文望远镜的自动观测程序使其可以同时测量几十个星系的红移量，帮助今天的天文学家们建立起详尽的星系空间分布图。另外，我们还可以测量星系的相对运动，从而描绘出星系的"流动模式"，那是所有星系团和超星系团引力作用的结果。研究表明，室女座超星系团实际上是一个更大结构的一部分，这个结构的发现者将其命名为"拉尼亚凯亚超星系团"。拉尼亚凯亚超星系团的范围超过 5 亿光年，含有约 10 万个星系，这些星系分属于数百个星系群和星系团。

如果说星系是宇宙中的城市或村庄，那么星系团和超星系团就是城市群，就像荷兰的兰斯塔德（Randstad）或德国的鲁尔区（Ruhr Industrial Base）那样的城市群。[①] 既然有星系高度集中的区域，就必然存在星系异常稀少的区域，后者被我们称为"宇宙空洞"。1981 年，美国天文学家发现了牧夫座空洞。这是一片巨大的空旷区域，直径约 2.5 亿光年，其中几乎

没有星系存在。迄今为止，我们已经在宇宙中发现了众多这样的空洞。

是作为宇宙中的一个小荒村还是属于繁华城市群的一员，对星系来说意义重大。那些零星分布在牧夫座空洞中的孤独星系过着安静祥和的生活，完全不受周边环境的干扰。身处稠密星系团中的星系则完全不同，它们会持续受到身边同伴的影响，比方说，与其他星系擦肩而过或迎面相撞的概率就会比身处星系团之外大得多，这也正是星系团的中心区域分布有如此之多的椭圆星系的原因。

另外，星系团内、星系之间的空间并不是真空。第一批被送入地球轨道的 X 射线望远镜发现，星系团内充满了极其稀薄但炽热的气体。几千万摄氏度的高温使气体释放出高能 X 射线。一个高速运动于这种星系团内介质（intracluster medium，ICM）中的星系，其内部的气体储备会很快被吹散殆尽，再也无法孕育出新的恒星。

---

① 类似于中国的长三角城市群或京津冀城市群。——译者注

英仙座星系团

与其他星系团一样，英仙座星系团内也充满了稀薄但炽热的气体，它们释放出大量 X 射线（照片中呈现为蓝色；红色则代表射电辐射）。这些高温气体聚集在中央星系 NGC 1275 周围。星系团内介质的质量比星系团中所有星系的质量总和还要大得多。

引力透镜

1919年，天文学家借助一次日全食事件首次证明了星光的偏转。当时太阳的明亮表面被月亮遮挡，太阳附近的恒星得以显现出来。银白色的日冕是太阳大气的最外层。本张日全食照片于2015年3月20日在挪威斯瓦尔巴群岛拍摄。

我在一座 20 世纪 20 年代建造的老房子里长大。那座房子有动不动就打不开的门、漏水的天窗和嘎吱作响的顶梁，大部分窗框里装的是"军用玻璃"——一种价格低廉、里面布满了气泡，根本不符合当今产品标准的劣质玻璃。但是，对于一个专注又好奇的小男孩来说，这些玻璃是如此神奇，里面的气泡就像一个个小小的透镜，坐在餐桌旁时，我经常眯起一只眼睛，来回移动脑袋，让远处街灯射来的光柱正好照到某个玻璃气泡的后面，气泡的透镜效应会将光柱在我眼中一分为二，像魔法一样奇妙！

透镜效应是由光的折射造成的。光在水中或玻璃中的运动速度要比在空气（或真空）中慢一些。当光线斜着穿过空气与水或空气与玻璃之间的界面时，方向会发生轻微的改变。孩子们大都很熟悉下面这个现象：插在一杯汽水中的吸管看上去变弯了。平行入射的光线在穿过一块圆形透镜后会弯折并汇聚于一点，这个点叫透镜的焦点——这就是经典天文望远镜的光学原理。

还有一些因素可使光线弯曲。早在上世纪，爱因斯坦就为我们计算出，大质量物体产生的引力能使光线发生弯曲。准确地说，光在四维时空中沿直线前进，但它会因物质的存在而弯曲，导致光线发生微小的偏转。引力场越强，光线距离引力源越近，偏转程度就越大。

爱因斯坦的预言在 1919 年 5 月的某一天得到了证实，整个世界为之轰动。那天发生了日全食事件，天文学家趁机精确测量了太阳附近若干恒星的位置。在日全食发生时，太阳的明亮表面被月亮完全遮挡，通过天文望远镜，我们可以看到太阳附近那些本来被太阳光辉掩盖住的恒星。如果星光真的在太阳的引力作用下发生了弯曲，那我们就可以得到这些恒星在天空中的"视位置"和"真位置"之间的差异。1919 年的测量结果与广义相对论的预言完全吻合，一夜之间，爱因斯坦举世闻名。

多年后，也就是 1936 年，爱因斯坦发表了他对"引力透镜"概念的看法：假设从地球上看，有两颗恒星，一颗正好位于另一颗的正后方，且后方那颗恒星（背景恒星）到地球的距离是前方那颗恒星（前景恒星）的两倍，人们可能会认为背景恒星是看不见的，因为它发出的光都被前景恒星挡住了，但是由于前方这颗"透镜恒星"的引力作用，背景恒星的光线发生了轻微的弯曲，它的光最终还是到达了地球。如果地球和这两颗恒星恰好处于同一条直线上，我们就会看到前景恒星的周围有一个光环，那就是所谓的"爱因斯坦环"。

但爱因斯坦也知道，在现实世界里永远不可能观察到这样的光环。两颗恒星如此精确排列的概率极小，而且恒星的引力效应也不足以使光线产生强烈的弯曲，因此光线的偏转角度很小，爱因斯坦环将微小到无法观察。然而天文学家通过计算得出结论，星系与星系之间的类似现象可以被人类观察到。星系具有更大的质量，因此会造成更大程度的空间弯曲。并且，即使两个星系没有在我们的视线方向上精确重叠，也仍会产生透镜效应，不过这会导致生成的爱因斯坦环不那么对称。

┃双重幻影

这张由哈勃空间望远镜拍摄的照片，中心处有两颗明亮的"星星"，它们是同一个类星体（更远处一个活动星系的星系核）的两个像。类星体发出的光沿着两条不同的路径到达地球，因此在我们眼中成了两个像。照片中可以看出类星体的像周围存在一个"引力透镜"，就是它造成了光线的偏转。

　　1979年，天文学家在大熊座中发现了第一个宇宙引力透镜。在一个强射电源处，天文学家们观察到两个紧紧挨在一起的类星体。但他们很快发现，它们俩是一个更加遥远的类星体的两个像。在长时间曝光的照片上还可以看到起透镜作用的（且暗弱得多的）前景星系。这个前景星系的引力将背景类星体的像分成两部分，就像我家老房子窗玻璃中的气泡将街灯光柱的像一分为二一样。

　　现在，天文学家已经发现几百个类似的引力透镜。大多数情况下，我们会看到两个像（往往来自一个非常遥远的类星体），有时是四个像，有时甚至能看到完整的爱因斯坦环。引力透镜最初是通过射电望远镜发现的，后来通过普通光学望远镜也有发现。对天文学家来说，

引力透镜是名副其实的上天赐予的礼物：遥远星系的面貌虽然被扭曲且可能被分成多个，但也被放大了，就像普通的光学透镜那样。借助于前景星系的引力透镜效应，天文学家可以将那些实际上非常遥远的天体看得更清楚、更详细。

　　星系团与引力透镜之间的关系到20世纪80年代才逐渐清晰起来。法国和美国的天文学家分别在三个遥远的星系团中发现了不同寻常的光弧。起初没人知道这些奇怪的"天体"是什么，光弧让人不禁联想到星系中长长的"珠链"[①]。然而事实表明，这也是一种引力透镜效应，遥远星系的小影像被极度拉长（并放大）——这不是只由一个前景星系的引力造成的，而是由整个星系团的总引力场造成的。

---

① 本书第93页提到过，在旋涡星系中，疏散星团和巨型恒星像闪闪发光的珍珠一样，沿着旋臂排成长长的"珠链"。
　　——译者注

爱因斯坦环

从地球角度看，一个100亿光年外的遥远星系正好位于另一个大质量星系的背后。由于前景星系（微红）的引力作用，背景星系（蓝色）的像变形为一个近乎完美的光环。

遥望深空

阿贝尔2218是天龙座中一个漂亮的星系团，距离地球约20亿光年。这张全景照片由位于夏威夷莫纳克亚火山上的3.6米口径的加拿大－法国－夏威夷望远镜（Canada－France－Hawaii Telescope，CFHT）拍摄。照片中还呈现了一些前景星系以及银河系中的几颗恒星（照片右侧）。

　　1995 年，哈勃空间望远镜首次拍摄出星系团壮观的引力透镜效应，拍摄对象是位于天龙座内、距离地球约 20 亿光年的阿贝尔 2218 星系团。在该星系团内各个星系之间可以看到无数细长的条带和同心的光弧，它们都是遥远背景星系的变形影像。后来，天文学家用更灵敏的相机重新拍摄了阿贝尔 2218 星系团。如今，天文学家已经发现了几十个星系团引力透镜，透过它们，人类获得了遥远宇宙的扭曲影像。

　　2013 年至 2017 年，美国天文学家在哈勃空间望远镜的帮助下完成了一个非常烦琐的科研项目，他们对精心挑选出的一些星系团进行了反复观测，拍摄结果对星系团引力透镜效应做出了最清晰也最壮观的展现。这个名为"前沿领域"（Frontier Fields）的观测项目帮我们发现了人类目前已知的最遥远的一批星系，它们都是位于可观测宇宙边缘的天体。如果没有前景星系的引力透镜效应，我们永远不可能知道它们的存在。本书最后一章将详细讨论人类对于宇宙中最遥远（也是最古老）星系的探索。

扭曲成像

哈勃空间望远镜清晰地拍摄到了阿贝尔2218中心区域的众多光弧。这些都是背景星系的像,它们在星系团的引力作用下形成、被放大和被扭曲。阿贝尔2218是第一个被拍摄到如此壮观引力透镜效应的星系团。

▎宇宙放大镜

位于武仙座内的、遥远且质量超大的星系团MACS J0717.5＋3745是哈勃空间望远镜"前沿领域"项目的研究对象之一。在该星系团复杂引力场的作用下，那些许多亿光年外的遥远星系产生了扭曲变形的像。

"前沿领域"项目的一大意外收获是在一个距离地球约 90 亿光年的星系中发现了一颗超新星。由于前景星系团（编号 MACS J1149 + 2223）的引力场异常复杂，这个背景旋涡星系被多次成像，于是这颗超新星发出的光沿四条不同的路径到达地球。天文学家推测，在前景星系团中的另外一个位点，应该还能发现这颗超新星的第五个像。事实上，第五条路径略长一点，所以直到一年后，天文学家才在前景星系团中又一次观测到这颗超新星爆发时的情景，与之前的预测完全吻合。

前面提到过的类星体双重像也有类似现象——一个像中的亮度变化在很长时间（准确地说是 417 天）后才在另一个像中发生。这个时间差是宇宙膨胀造成的，由此产生了一种新的测量宇宙膨胀速度的方法——利用引力透镜进行测量（虽然不是特别准确）。因此可以说，对星系团的研究不仅能使我们了解环境因素对星系个体生命历程所产生的影响，还能使我们了解整个宇宙的特性和演化历程，甚至能获得有关神秘的暗物质的信息。下一节我们将讨论这个话题。

▎潘多拉魔盒

位于玉夫座内的阿贝尔2744又名"潘多拉星系团"。它可能是由至少四个小星系团相互碰撞而形成的。星系团的引力透镜效应将那些原本看不到或几乎看不到的遥远背景星系呈现在我们眼前。

暗物质的引力

星系团是宇宙中最大的自引力束缚体系。一个中等大小的星系团可以包含几百个甚至几千个星系，其中既有巨大的椭圆星系（通常位于星系团的中心），也有较小的旋涡星系（大多处于边缘地带）和毫不起眼的矮星系。星系团内部各个星系之间并非真空，有大量的星际恒星、行星状星云和星团存在；另外，星系团中也包含大量的超高温气体。这种被称为"星系团内介质"的气体虽然非常稀薄，但其质量比所有星系加在一起还要重。

不仅如此，瑞士裔美籍天文学家弗里兹·扎维奇在 20 世纪 30 年代发现，星系团内还包含大量看不见的暗物质。扎维奇是一位在诸多领域都有杰出贡献的天文学家，超新星的概念就是他提出的，他还与同事沃尔特·巴德（Walter Baade）一起预言了中子星的存在。

｜上帝之脸

除了恒星、星际气体和黑暗的尘埃外，星系内还含有大量的暗物质，其本质目前仍是个谜。这张由哈勃空间望远镜拍摄的照片呈现出星系 NGC 1316（天炉座星系团的中央星系）中明显的尘埃云。由于神秘的宇宙暗物质并不包含正常原子，因此我们无法看到它的存在。

引力分布图

通过研究遥远背景星系的扭曲影像，天文学家绘制出前景星系团MCS J0416.1-2403的引力场（蓝色区域）。只有假设星系团中含有大量的暗物质，才能解释我们观察到的弱引力透镜效应。

宇宙"撞球游戏"

子弹星系团由两个发生碰撞的星系团组成。两个星系团之间积聚了炽热的星系团内介质（玫红色）。而暗物质（蓝色）则分布于星系团内部，包裹在各个星系周围。修正牛顿动力学不能对这种分布做出合理解释。

1933 年，扎维奇研究了后发座星系团中星系的运动速度。他发现这些星系的运动速度非常高，如果没有一个很强的引力场约束，星系们早就从星系团中四散逃逸了。星系团的总引力场大大强于星系团内可见物质形成的引力场。而在一年之前，荷兰莱顿天文台的扬·奥尔特也曾用类似的方式推断出，银河系的星系盘中一定存在看不见的物质。现在扎维奇有力地证明出星系团中也存在大量的暗物质。本书前面还提到过，在这之后，维拉·鲁宾和肯特·福特通过对快速旋转的气体云的射电观测，揭示了暗物质也存在于其他星系内。对星系团中各个星系运动速度的测量结果一次又一次地证明，即便考虑到那些高温的星系团内介质的存在，星系团内还应存在着大量的暗物质。

眼下，暗物质的存在并不仅仅是通过速度测量得出的结论。我们已经知道，一个星系团的引力可以使另一个更远星系发出的光得到增强和变得弯曲。利用引力透镜效应，我们计算出了这些星系团包含的物质总量，每一次计算的结果都远远超过利用光学望远镜（观察恒星）和 X 射线望远镜（观察高温气体）所探知到的可见物质的质量总和。通过仔细观察背景星系所成的像，天文学家甚至绘制出了前景星系团内暗物质的分布图。有些星系团中的狭长光弧特别醒目，那是因为背景星系的像被严重扭曲和拉长了。在现实中，我们所看到的每一个背景星系都是不同程度的引力透镜效应所成的像。

20 世纪 80 年代初，美国天文学家安东尼·泰森（Anthony Tyson）发现，在某些星系团中可以观察到背景星系的像按一定方式排列，它们大多在一定程度上绕着星系团中心呈同心排列，并且看上去都向同一方向伸长了一点，这个现象被称为"弱引力透镜效应"。

当然，我们无法确切地知道一个星系看似狭长是由弱引力透镜效应导致的，还是由它本来的形状导致的，比如它本就是一个雪茄形的椭圆星系，又或者我们恰好是从侧面观察一个旋涡星系的。但是，如果我们测量出几十乃至几百个背景星系的形状，检查其与我们预期的随机分布的差异，就能得到弱引力透镜的作用情况，从而绘制出暗物质在前景星系团中的分布。这是个简单的统计学问题。

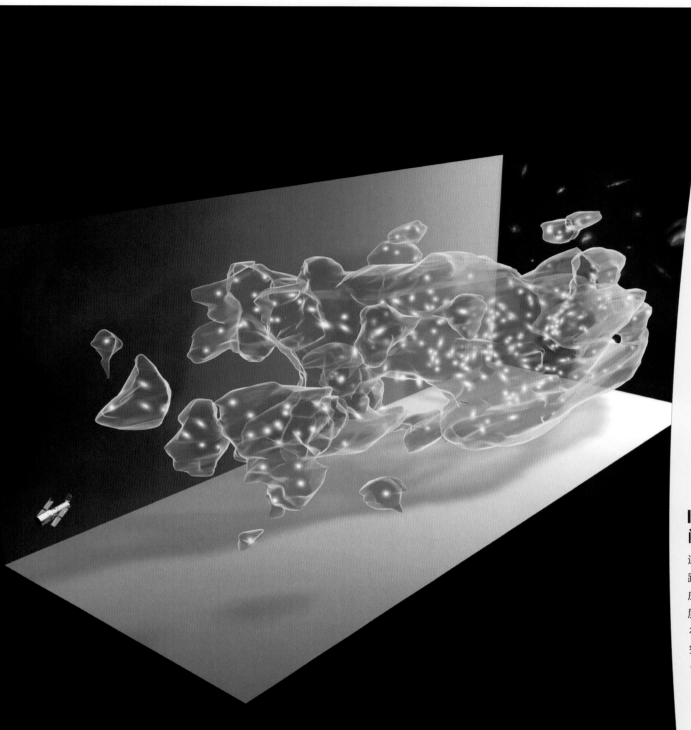

暗物质三维空间分布图

通过研究宇宙中不同距离处的弱引力透镜效应，我们可以确定暗物质在宇宙中的空间分布。本示意图根据哈勃空间望远镜（图中左侧）的测量数据绘制，图中白点代表星系，蓝色"泡泡"表暗物质。

并不是所有人都相信暗物质的存在，因为关于它的推断是基于目前普遍认可的引力理论。根据牛顿和爱因斯坦的说法，两个天体之间的引力与二者距离的平方成反比，也就是说，两个质量相同的天体 A 和 B，如果天体 A 到地球的距离是天体 B 的 3 倍，那么它对地球的引力只有后者的 1/9。修正牛顿动力学认为这个比例关系并不适用于弱引力场，所以以这个比例关系为基础，由引力测量结果推算出的物质质量是错误的。

　　然而在 2004 年对南天星座船底座中的子弹星系团的观测驳倒了修正牛顿动力学。子弹星系团（官方编号 1E 0657-558）由两个在 1 亿多年前发生碰撞的星系团组成。当时，两个星系团相撞后穿过了对方。作为个体的星系没什么可关注的（两两相撞的概率极低），但是两个星系团中的炽热气体发生了碰撞。X 射线测量表明，这些气体就像科学家预计的那样，积聚在两个星系团之间，所以该处存在着大量正常物质，它们的总质量远大于星系团内所有星系的质量之和。但是，科学家测量了子弹星系团的弱引力透镜效应，结果却表明，大部分引力集中在两个星系团的内部或周围。MOND 理论无法解释这个现象，因为该理论认为引力与正常物质的分布是一致的，应该主要分布于两个星系团之间。但是，引入暗物质概念就很好解释子弹星系团的这个现象了。暗物质由至今未知的基本粒子组成，它们除引力外不与正常物质发生相互作用。如果两个相撞的星系团中的每一个星系都被体积巨大的暗物质晕包裹着，那么暗物质晕也将相互穿插而过。科学家猜想，暗物质（以及它的引力）的分布与星系团中的星系分布一致。

　　然而，关于星系和星系团中暗物质的奥秘还远远没有揭开。目前对于这种神秘物质的所有观察都是间接的，地面粒子加速器没能制造出暗物质粒子来，高灵敏度的地下探测器也未能检测到它，物理学家对于它属于哪种粒子一筹莫展，唯一可以确定的是，暗物质不是由正常的原子和分子构成的。就目前而言，科学家们除了天文观测，看起来并没有其他办法揭示暗物质之谜，然而这些观测的结果并不明确。

　　不仅星系团具有弱引力透镜效应，在大型星系周围也可以观察到这一效应。所以，我们也可以借助它描绘出大型星系周围的暗物质晕。

　　1967 年，美国天文学家詹姆斯·冈恩（James Gunn）指出，每一个遥远背景星系的像都会在宇宙的弱引力透镜作用下发生一定程度的扭曲，哪怕这个星系的光并没有穿过某一个星系团或者从某一个前景星系旁经过，这种现象叫作"宇宙剪切"。

▌神秘的暗物质环

通过对星系团（照片中为双鱼座内的 Zw Cl 0024＋1652）的弱引力透镜效应的测量，天文学家推导出该星系团内引力场的分布情况，从而得到各处暗物质（呈现为蓝色）的密度。照片中，距星系团中心很远处有一个由暗物质构成的明显的环状结构，成因目前尚不清楚。

不含暗物质的星系[1]

哈勃空间望远镜拍摄到了NGC 1052-DF2这个距离地球约6500万光年的非常暗弱的星系，其大小与银河系相仿，但恒星数量只有银河系的2%。对该星系中球状星团的速度测量表明，这个星系中不含暗物质。

———
[1] 这一说法来自2018年3月《自然》（Nature）杂志的一篇论文，曾在物理学界引发热议。但据加拿大天文学研究所（IAC）的最新研究，该星系与地球的实际距离比该论文中声称的6500万光年要近得多，星系总质量的很大一部分必定来自暗物质。最新研究结果发表于《皇家天文学会月报》（Monthly Notices of the Royal Astronomical Society, MNRAS）。
——译者注

　　如果对成百上千个遥远星系的形状进行统计分析，我们可以建立起暗物质在宇宙中的三维空间分布图，这是弗里兹·扎维奇不曾梦想过的宇宙学研究方式。在他所处的时代，科学家们需要经过很多个小时的曝光才能为那些遥远、暗弱的星系拍下一张照片，然后手动逐一测量各项参数。

　　但如今，配备有极高灵敏度数码相机的大型天文望远镜可以在几秒钟内拍摄出包含数以千计的遥远星系的照片，然后利用强大的计算机算法自动确定这些星系的位置、大小、形状和运动方向。欧洲甚大望远镜（VLT）上的 OmegaCam 相机和安装在美国布兰科望远镜（Blanco Telescope）上的暗能量相机（DECam）相机现已完成首批关于宇宙剪切的大型观测计划。未来，天文学家还将通过大型综合巡天望远镜（Large Synoptic Survey Telescope, LSST）和欧洲欧几里得空间望远镜（Euclid Space Telescope）进行更精密的测量，欧几里得空间望远镜能以哈勃空间望远镜级别的灵敏度拍摄星空。这样看来，已经困扰人类百年之久的暗物质之谜可能很快就要揭晓答案了。

花里胡哨的"反方证人"

这张合成照片的拍摄对象是距离地球约24亿光年的星系团阿贝尔520，橙色为可见光，绿色为X射线，蓝色为暗物质。与子弹星系团相反的是，这个星系团中的暗物质看上去与星系团内介质的分布一致。目前的暗物质理论不足以解释这一现象。

183

宇宙的大尺度结构

宇宙的层级结构其实非常简单，经济学家和企业管理人员对这种结构不会感到陌生，比如一个大型跨国企业集团由分管不同领域的多个子公司组成，每个子公司又划分为不同的部门，最底层就是作为个体存在的一个个雇员。宇宙的结构与此类似：地球属于围绕太阳公转的八大行星之一；太阳是银河系大约 4000 亿颗恒星中的一员；星系要么隶属于较小的星系群，要么隶属于较大的星系团；在层级结构的最顶部，是像拉尼亚凯亚超星系团那样的巨型星系团。

20 世纪 50 年代末，天文学家们知道了超星系团的存在。在 1981 年，他们发现了第一个超级空洞——牧夫座空洞。然而又过了一段时间，天文学家们才开始系统地探索宇宙的大尺度结构。实际上，早在 20 世纪 80 年代中期，玛格丽特·盖勒（Margaret Geller）、约翰·赫克拉（John Huchra）和瓦莱丽·德·拉帕朗（Valerie de Lapparent）就测定了北天星空一条窄带中数千个星系的位置和红移。

我们前面说过，遥远星系的红移量是星系与地球距离的度量标准。盖勒、赫克拉和德·拉帕朗发现，他们测量的那些星系在宇宙中的分布并不均匀，宇宙中存在着细长的条带结构和相对空旷的区域。在他们测量得到的星系空间分布图上，有一个细长的结构，它就像伸直的食指一样指向我们银河系，这个结构因此被命名为"上帝的手指"。

▌上帝的手指

人类首张宇宙局部 3D 地图绘制于 20 世纪 80 年代中期。银河系位于图的下方。星系（黄点）的距离通过红移测量确定。图中部一个细长的结构被称为"上帝的手指"。这是一种视觉效应，由后发座星系团中各个星系的自行运动造成。

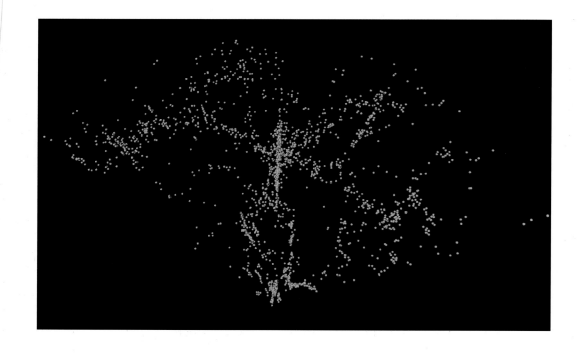

计算机模拟的宇宙

这张图片由荷兰莱顿大学"鹰"（EAGLE）模拟项目提供，该项目旨在利用超级计算机模拟宇宙大尺度结构的发展过程。EAGLE为英文"Evolution and Assembly of Galaxies and their Environments"的缩写，意为"星系及其周围环境的演化与合成"。从图中可以清楚地看到，物质首先聚集于纤维状结构中，然后流向节点，而这些节点正是大多数星系形成的地方。

┃邻近星系团分布一览

这是我们所处宇宙的部分星系和星系团的空间分布示意图。银河系位于本图的正中心、室女座超星系团的边缘。图中清楚地呈现了所有距离在5亿光年内的星系团的空间位置。

　　实际上，这张图呈现的就是我们知道的后发座星系团。细长结构只是一种视觉效应。之所以出现这种"假象"，是因为星系团中的各个星系具有相当高的运动速度，这会对红移的测量产生影响。

　　但是从这批最早的测量数据中，天文学家发现了一个被他们称为"长城"的大尺度结构——它是一个庞大而细长的星系集合，长约5亿光年，高约2亿光年，但厚度仅有约1500万光年。不久之后，天文学家又在宇宙的另一处发现了双鱼座－鲸鱼座超星系团复合体，它有着长约10亿光年的庞大结构。随后的2003年，"斯隆长城"被发现，其长度达到13亿光年。另外，天文学家还发现，宇宙中存在一些几乎没有星系存在的超大区域，例如巨洞（直径约13亿光年）和波江座超空洞（直径约18亿光年）。

　　盖勒、赫克拉和德·拉帕朗的首批红移测量工作是利用亚利桑那州霍普金斯山上的1.5米口径望远镜进行的。这是一项相当耗时耗力的工作，他们必须拍下每一个星系的光谱，以测量红移量。后来他们改进了方法，可以同时测量几十个星系。再后来，随着数字化探测器的灵敏度逐渐提高，天文学家们可以利用更大型的天文望远镜来进行这项工作。

　　最近几十年来，天文学家们已经完成了若干红移巡天计划，例如，使用澳大利亚赛丁泉天文台（Siding Spring Observatory）3.9米口径望远镜执行的2度视场星系红移巡天计划（2dF-Survey）以及使用美国阿帕奇波因特天文台（Apache Point Observatory，APO）2.5米口径望远镜执行的斯隆数字巡天计划（Sloan Digital Sky Survey）。

　　通过这些研究项目，人类将目光投入宇宙的极深处，宇宙学家们如今已经获得关于宇宙三维大尺度结构的清晰构图。宇宙的三维大

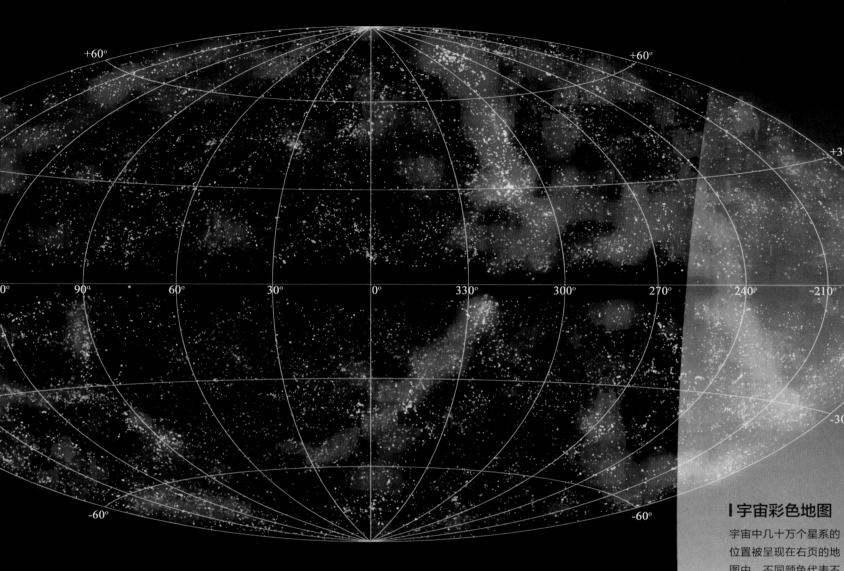

宇宙彩色地图

宇宙中几十万个星系的位置被呈现在右页的地图中，不同颜色代表不同的红移量和距离，这是 2 微米全天巡天计划（2MASS）的成果。位于图上部偏右的紫色亮斑是室女星系团，最左侧偏下一点的蓝色亮斑是英仙-双鱼超星系团，中部偏右下方的斜长亮斑是孔雀座-印第安座超星系团。

尺度结构很像一堆肥皂泡：大大小小的球形空洞被薄薄的壁包围着，壁内的星系密度很高；薄壁相叠的地方形成长长的纤维状结构，其中的星系密度更高；而纤维交汇处聚集着最为庞大而致密的星系团。

天文学家称这种结构为"宇宙网"——低温而稀薄的气体构成纵横交织的纤维网，一个个星系和星系团镶嵌其中。天文学家们甚至已经绘制出了宇宙网的模型（尽管方法有些间接），原理是：遥远类星体发出的光照在星系间气体上，气体吸收特定波段的紫外辐射并发光，该处网络就被点亮了。

无论如何，有一点非常清楚：作为宇宙的基本组成单位，星系在宇宙中的分布一点都不均匀。那么，这种肥皂泡状的大尺度结构到底是如何形成的呢？

大约 138 亿年前，宇宙大爆炸发生后不久，宇宙还是一锅由氢气和氦气构成的匀质热汤。这锅"原始热汤"散发出的高能辐射就是

今天我们仍可探测到的宇宙微波背景辐射，它其实是大爆炸冷却后的余热。然后，通过某种方式，宇宙从炽热的、匀质的原始状态发展成如今的模样——一个个星系镶嵌在纵横交织的纤维网上。

20 世纪 80 年代末，天文学家证明，当今宇宙的大尺度结构应该是在引力的作用下形成的。在时间的渐渐流逝中，大爆炸中随机产生的小的气体致密区吸引了越来越多的物质，宇宙渐渐出现了团块状结构（这些原始的密度波动被烙印在背景辐射中，表现为极细微的温度差）。但这个过程到底是如何发生的，30 年前的我们并不清楚。一部分宇宙学家认为，大尺度结构首先形成，然后逐渐出现低等的结构单元——星系团、星系群和单个星系，这就是所谓"自上而下模型"。另一些宇宙学家的想法正好相反，他们认为首先形成的是一个个星系，然后星系们逐渐聚集，形成星系团和超星系团（自下而上模型）。

Illustris模拟图像

这张图片属于Illustris模拟项目的研究成果。图中显示了暗物质（蓝色）和正常物质（稀薄气体，橙色）的分布。这幅细节丰富的计算机模拟图像表明，暗物质首先集结成纤维网结构，暗物质密度最高的区域渐渐形成众多星系。

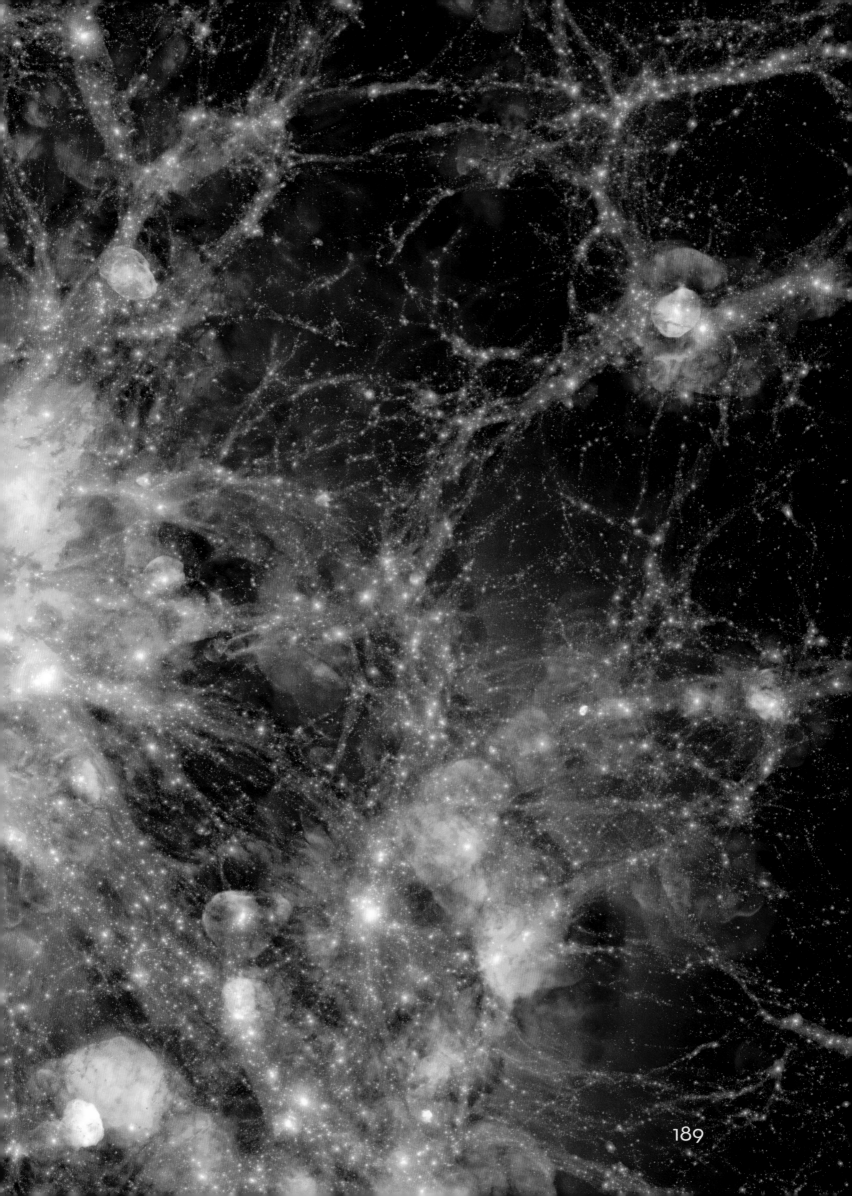

189

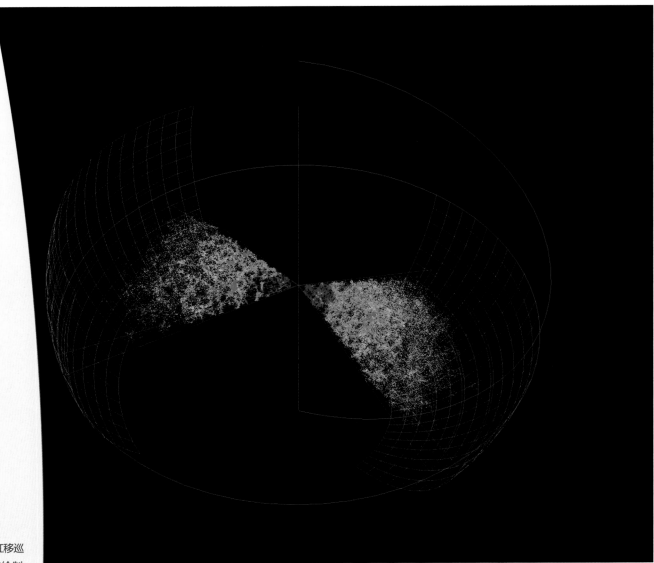

▍星系巡天

通过 2 度视场星系红移巡天计划，天文学家绘制出两个带状区域内数十万个星系的空间位置分布图，距离最远的达 25 亿光年。图中不同颜色代表星系的不同密度，细长的纤维和庞大的超星系团也被清晰地展现出来。

现在我们已经了解到，第二种理论更符合实际。这是天文学家对宇宙中那些最遥远（因此也最古老）的星系进行观测后得出的结论，我们将在本书的最后一章对此进行更多讨论。自下而上模型也通过模拟技术得到了验证，计算机用快进方式对宇宙演化过程进行模拟，结果支持自下而上模型。具体过程是：计算机首先模拟出一块立方体形状的宇宙，其中充满了氢原子、氦原子、暗物质和辐射，这些都是原始宇宙的基本成分。然后科学家往这个模拟宇宙中加入一个尤其重要的附加因素——他们为这锅"原始热汤"设置了微小的密度波动，其与目前宇宙微波背景辐射的测量值严格一致。然后，这个立方体开始向各个方向扩张（模拟宇宙的膨胀），引力开始发挥作用。计算机模拟的结果是，暗物质先汇集成纤维网结构，也

就是宇宙网，然后正常物质向暗物质密度最大处流动，迅速形成第一代恒星和星系。渐渐地，物质聚集形成薄薄的壁、细长的纤维和致密的星系团。快进方式模拟出的长达 138 亿年的宇宙演化的结果竟与现实惊人地相似！这说明人类很可能发现了宇宙大尺度结构的起源和宇宙演化的真相。

用计算机模拟整个宇宙的演化过程可谓是一个相当宏伟的计划，这一计划需要强大的计算能力来支撑。科学家最初的尝试是相当简陋和原始的，但随着超级计算机的出现，以及其计算能力的提高，模拟水平也在不断提高，最新的模拟甚至考虑了复杂的流体动力学过程，以求尽可能精细地描述气体的聚集方式乃至整个星系的形成过程。

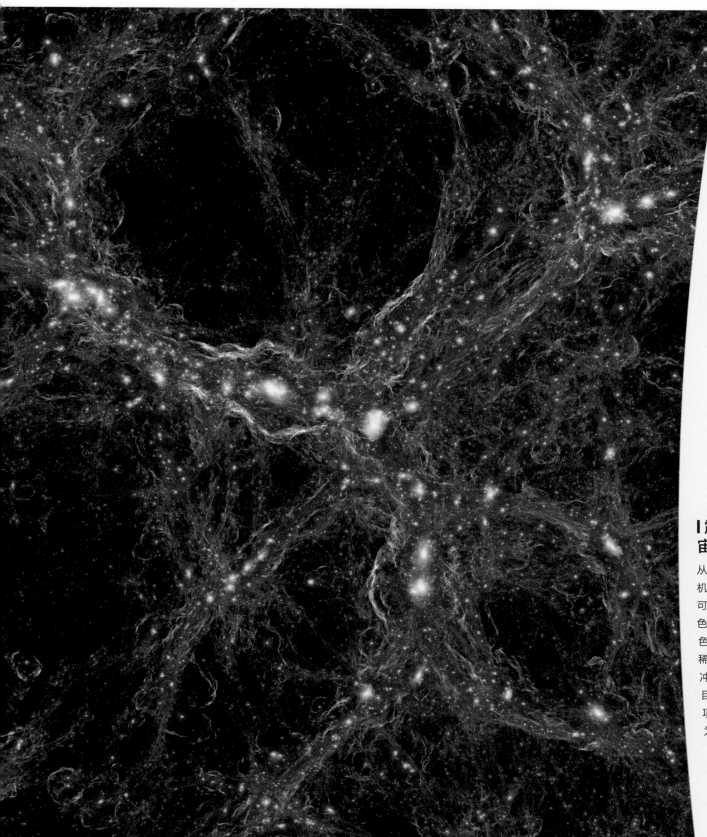

震撼人心的宇宙模拟图

从宇宙演化的最新计算机模拟图中，我们不仅可以看到暗物质（蓝色）的积聚和星系（黄色）的诞生，还能看到稀薄的星系间气体中的冲击波。这张图片来自目前最前沿的宇宙模拟项目Illustris TNG（TNG为"下一代"之义）。

近年来，人类对宇宙演化和星系形成的研究渐渐走上理论与实验相结合、观测与模拟相辅相成的道路。在一定意义上，宇宙微波背景辐射图可以说是宇宙的婴儿照，而如今的宇宙是宇宙成年后的模样，是观测得来的结果。

目前看来，能将观测结果和模拟结果统一起来的只有一个理论模型。这个宇宙标准模型建立在所有先进的计算机模拟结果的基础上，除暗物质外还考虑了宇宙中可能大量存在的一种神秘的暗能量。宇宙的这部分神秘组成将留待本书最后一节来讨论。

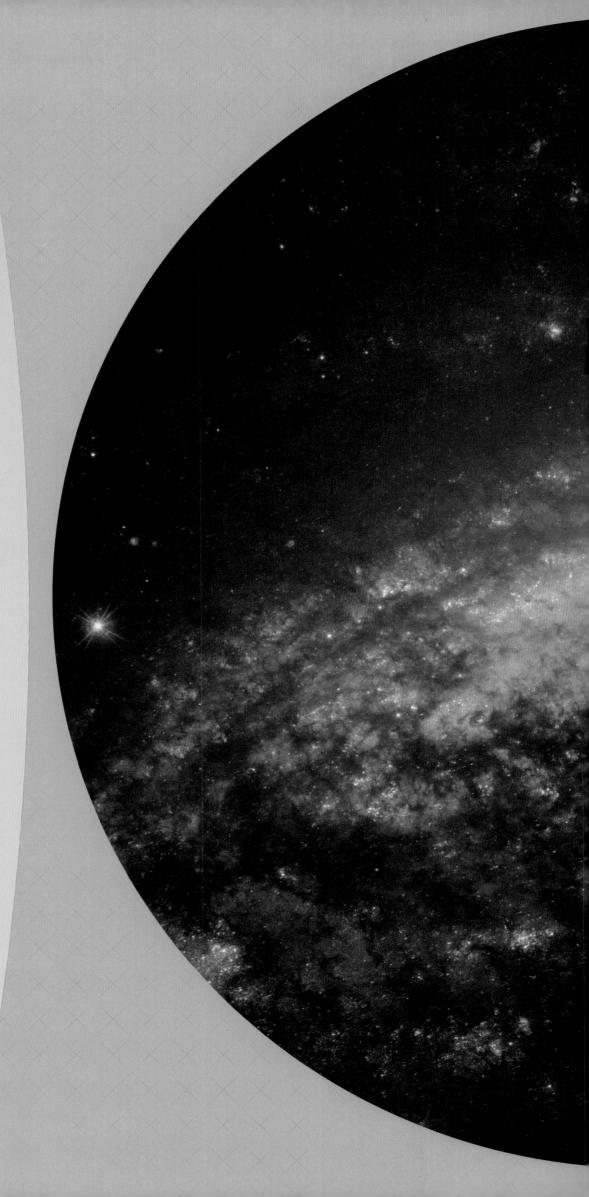

时间回溯

当人类向宇宙最深处极目眺望时，就像在回溯宇宙的过去。NGC 7331是位于飞马座内的一个旋涡星系，距离地球约5000万光年。也就是说，从这个星系发出的光要经过约5000万年才能到达地球，我们现在看到的是它在约5000万年前的模样。那是地球的始新世时期，澳大利亚与南极洲逐渐脱离，欧洲和北美洲正相继从劳亚古陆中分裂而出。那时，人类最远古的祖先还未登上历史舞台。通过观察遥远的星系，天文学家可以了解有关宇宙历史的更多信息。正所谓，目之所及愈深远处，亦是时光愈久远时。从这个角度讲，一架望远镜其实也是一台时光机。

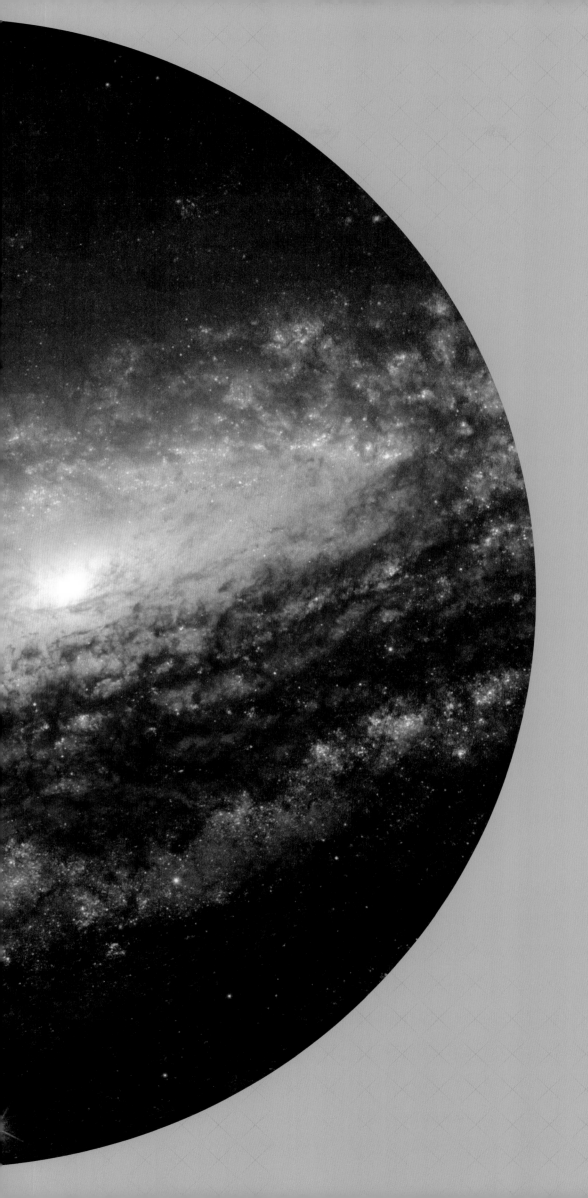

星空的样本

盾牌座内的这一小块星空是哈勃空间望远镜"前沿领域"项目的研究对象。通过随机选择并拍摄下多个小区域的星空影像，天文学家获得了所谓"宇宙方差"，它可以用来衡量样本与平均情况的偏离程度。

宇宙的诞生和演化

Geburt und Evolution

时空边缘

没有人能精确计算出宇宙中的星系总数，但估计可能达 2 万亿个，平摊到地球居民的头上，每个人都能分得几十乃至上百个星系。正如我们已经从本书中了解到的那样，宇宙中的星系数量惊人且类型繁多。想要对全部星系进行详细观测并非易事，尤其是考虑到它们的距离是那样遥远。试想一下：作为近邻的仙女星系距离地球尚且有约 250 万光年，而大多数星系与我们的距离是这个数字的几百甚至几千倍。

▍哈勃空间望远镜的继任者

2021年，口径6.5米的詹姆斯·韦伯空间望远镜将作为哈勃空间望远镜的继任者被发射入太空。它可以对小块星空进行长时间曝光拍摄，主要用于红外波段的观测。天文学家可以根据计算机模拟结果，重点关注韦伯深场中的某些天体。

遥望深空

哈勃深场（指由哈勃空间望远镜拍摄的第一张小区域夜空影像）包含了大熊座内一小块夜空里的将近3000个星系。照片曝光时间累计达141小时，最遥远和最暗弱的小型星系也得以呈现。照片右上角奇怪的阶梯形状是由装配在哈勃空间望远镜上的第二代广域和行星照相机（Wide Field and Planetary Camera 2，WFPC2）的传感器形状造成的。

哈勃超级深场

安装在哈勃空间望远镜上的先进巡天照相机（Advanced Camera for Surveys，ACS）由美国宇航员于2009年修复完毕。由它拍摄的哈勃超级深场（天炉座的一小块天区）包含大约1万个极为遥远的星系。本图由可见光、紫外线和红外线多个波段的图像叠加而成。

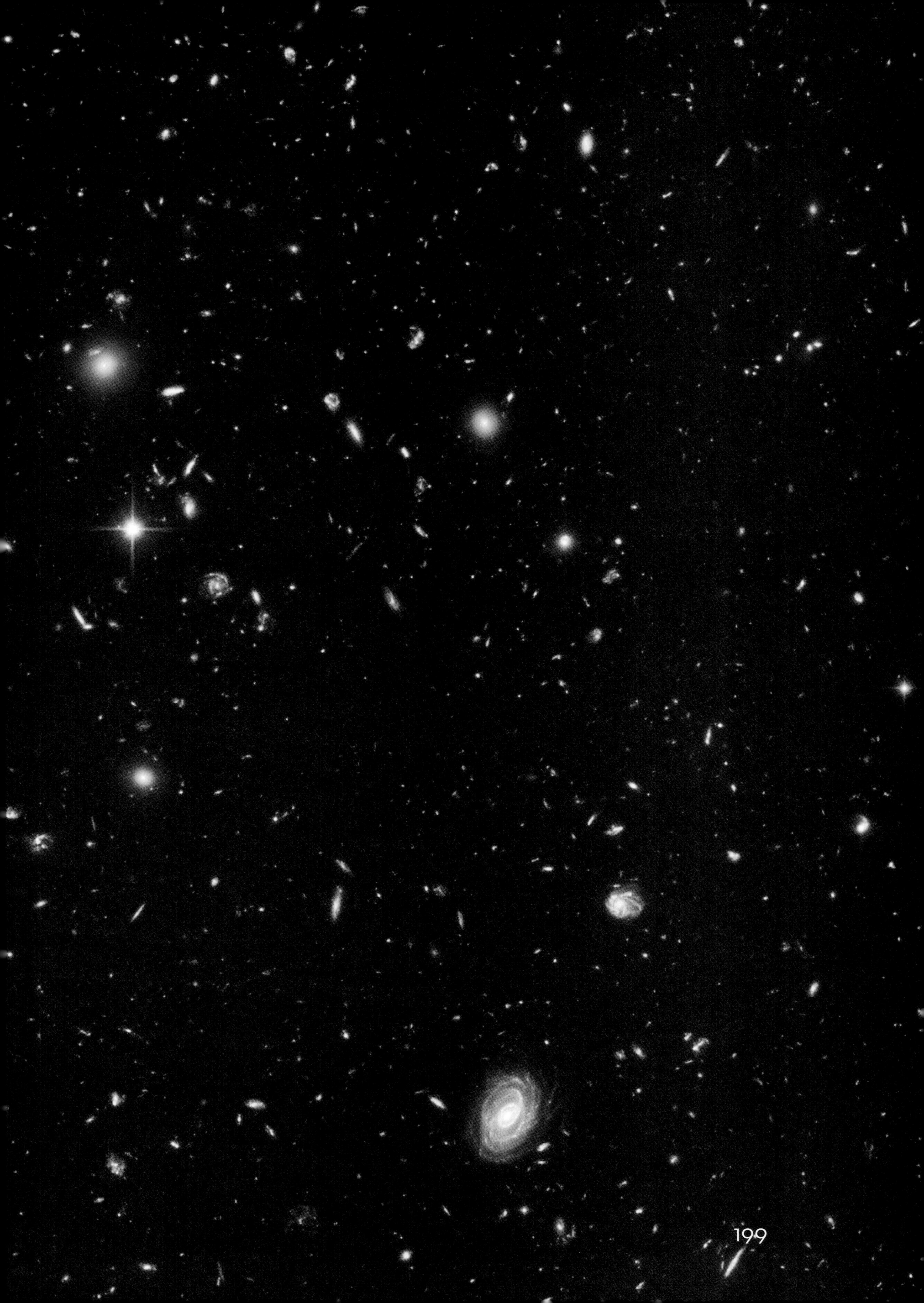

背后的星光

阿贝尔S1063星系团（位于天鹤座内）中心处的引力透镜效应是如此强烈，以至于装配在哈勃空间望远镜上的相机成功拍摄下了星系团后方那些原本不可见的背景星系在引力透镜效应下形成的像。这张照片来自"前沿领域"项目。

▎宇宙"放大镜"

这是一个遥远的星系团，两个明亮的椭圆星系是其中的"领军人物"。作为宇宙"放大镜"，这个星系团可以帮助我们观察到更远距离的天体——那些细长的光弧就是它们的像。引力透镜效应使我们可以"凑近"观察这些遥远天体的细节。图中左侧的恒星是银河系内的前景恒星。

然而，研究这些遥远的星系对人类来说意义重大，并非仅仅为了在吉尼斯世界纪录中增添一个新条目。100 亿光年远的星系发出的光需要 100 亿年才能到达地球，我们看到的是这个星系在 100 亿年前的模样，那时宇宙的年龄尚不足今天的 1/3。向空间深处眺望就意味着对过往时光的回溯，研究宇宙深处的星系可以帮助我们了解星系的演化过程。

光速是有限的，所以人类只能感知到有限的宇宙。我们身处的宇宙诞生于 138 亿年前，也就是说，到目前为止，光在这个宇宙中的旅行时间不超过 138 亿年，光在 138 亿年中经过的距离就是宇宙视界的大小，即可观测宇宙的范围。然而在这个视界之外仍然有无数星系，只是它们的光尚未到达地球。前面所说的可能存在的 2 万亿个星系其实都限于可观测宇宙内。视界之外

的宇宙延伸到多远，没有人知道，也许没有尽头。

1990 年 4 月，哈勃空间望远镜发射升空后不久，美国天文学家马克·迪金森（Mark Dickinson）就用它拍摄了一些照片，这些照片都经过长时间的曝光，拍摄对象是若干小块夜空。由于主镜在制造时发生了一点错误，所以哈勃空间望远镜当时处于"近视"状态。但这些照片仍然呈现出一些极其暗弱的光斑——它们都是距离地球足有八九十亿光年远的星系。这些星系大多不是完美对称的旋涡星系，而是一些小型的、形状不规则的矮星系。哈勃空间望远镜令天文学家窥见了宇宙的少年时代和星系演化的早期阶段。后来哈勃空间望远镜的光学系统得到校正，天文学家们有充分的设备基础重新对夜空进行类似的拍摄了。

宇宙的演化

作为"大天文台宇宙起源深空巡天"（Great Observatories Origins Deep Survey，GOODS）项目的工作内容，天文学家利用包括哈勃空间望远镜在内的多台大型天文望远镜对夜空的一部分进行了详细观测。这个项目所拍摄的照片虽然不及哈勃超深场那样深入，但它呈现了更大面积的星空。宇宙学家将利用这个项目对星系演化进行深入的研究。

时任空间望远镜研究所（Space Telescope Science Institute，STSI）所长的罗伯特·威廉姆斯（Robert Williams）带领团队进行了一项特别的工作，这就是历史上著名的"哈勃深场"项目。威廉姆斯和他的同事们在大熊座天区内选择了一块肉眼看上去一片空旷的夜空，于 1995 年 12 月底完成了一张曝光 342 次、曝光时长合计达 141 小时的合成照片。这个项目曾遭到部分天文学家的强烈反对，认为它浪费了哈勃空间望远镜大量宝贵的观测时间，并且没有人可以保证这样做能产生有价值的科研成果。然而，拍摄结果超出了所有人的预料。

从哈勃深场的原始照片中，天文学家们分辨出将近 3000 个星系！有些星系相对较大且明亮，比如照片左下角那个醒目的旋涡星系，以及照片上半部分的几个椭圆星系。但照片中的其他星系大多很小，且形状不规则。

当你用目光缓缓浏览这张照片时，你可以想象自己已经跨过许多亿光年，正置身于宇宙的深处。如果你意识到这些微小的光点其实都是一个个包含有亿万颗恒星的完整星系，你会彻底被宇宙的博大所震撼。

后来，天文学家们用灵敏度极高的大型地面望远镜，如夏威夷莫纳克亚天文台（Mauna Kea Observatories，MKO）的 10 米口径凯克望远镜（Keck Telescope），对哈勃深场中的大多数星系进行了进一步研究。对于那些较为明亮的星系，凯克望远镜确定了它们的光谱，测出了它们的光谱红移量，天文学家们据此推导出它们与地球的距离。对于那些特别暗弱的星系，这个办法就不可行了，但是通过测量星系在不同波长下的亮度，也可以获得相对可靠的红移信息。就这样，天文学家将平面的哈勃深场照片转换成了一小块星空的三维地图——就像对宇宙进行了一次钻芯取样。

"哈勃深场"项目成功后，天文学家们继续出击。1998 年秋，他们又对南天星座天炉座内的一小块星空进行了类似的拍摄，这就是"哈勃南天深空"（Hubble Deep Field South）项目。这次拍摄不仅获得了可见光图像，还获得了红外图像。后来，哈勃空间望远镜配备了更高灵敏度的相机（其视野也更大），又相继完成了哈勃超深场（Hubble Ultra Deep Field，拍摄于 2003—2004 年）和哈勃极深场（Hubble Extreme Deep Field，拍摄于 2012 年）的拍摄。

还有其他一些研究项目，科学家们用较短

的曝光时间拍摄了更大面积的天区。当然，他们也通过钱德拉 X 射线天文台和斯皮策空间望远镜等再次详细观测了哈勃深场所在天区，获得了 X 射线和远红外波段的观测图像。这些研究工作有一个共同的目标，那就是尽可能地了解星系的演化过程，而这只能通过时间回溯来实现。到目前为止，所有观测都清楚地表明，在大爆炸发生后的头 10 亿年里，我们的宇宙经历了剧变。

首先快速形成的，是形状不规则的第一代星系。由于那时宇宙的物质密度远大于现在，星系间的碰撞与并合频繁发生，最早诞生的原星系们渐渐聚集形成更大的集合。大约 110 亿年前，恒星的形成速度达到巅峰。在这之后，宇宙的造星速度逐步趋于平缓。

自从美国载人航天计划终止以来，哈勃空间望远镜无法再得到维修，因此不可能有更灵敏的相机取代哈勃现有的相机了。但是天文学家们想出了一个巧妙的办法，原则上可以帮助人类进一步回溯时间。在 2013 年至 2016 年间进行的"前沿领域"项目中，哈勃空间望远镜曾对六个遥远的星系团进行观测，它们都对更远处的背景星系产生了强烈的引力透镜效应。天文学家们就利用这些"天然放大镜"观测那些原本无法看见的天体。

除了这六个星系团外，天文学家们还用同样的方式观测了六块随机选择的星空。这项工作可以看作一个抽样调查，其最终得到的结论是：宇宙在各个方向上看起来大致相同，当然又不完全相同。要想更好地掌握有关宇宙方差的情况，我们还需要更多的天区样本。"前沿领域"项目的观测结果尚未彻底分析完毕。这项工作非常耗时耗力，因为最强的引力透镜效应恰好发生在星系团的中心，而该处前景天体发出的光会严重干扰分析工作的进行。

这显然是哈勃空间望远镜承担的最后一项任务了。2021 年，詹姆斯·韦伯空间望远镜发射升空后，宇宙学家就可以对宇宙的过往进行更进一步的探索了。

顺便说一句，目前，我们对宇宙中最古老星系的诞生并非一无所知。借助于红外线和毫米波观测技术，我们可以观察到那些远在 130 亿光年外的星系，也就是说，我们可以回溯到宇宙不满 8 亿岁的时候。这虽然并不容易，但凭借对这些古老星系的研究，天文学家们还是几乎站到了宇宙的摇篮边上。

第一代星系

宇宙到底有多辽阔，人类的想象力真的难以企及。我们从未去过比月球更远的地方，可是从地球到月球也不过是一段几十万千米的旅程，仅仅相当于地球赤道周长的 10 倍。我们还派出过众多无人空间探测器探索邻近的行星，其中几个探测器甚至已经离开了太阳系，但这在宇宙尺度上几乎毫无意义，因为 200 亿千米（截至 2018 年初"旅行者 1 号"空间探测器走过的距离）只是我们到太阳系外最近的恒星比邻星距离的 0.5‰。

光速（每秒 30 万千米）是自然界中可能达到的最高速度，天文学家常用一束光在某段时间内走过的距离来描述宇宙距离。光从地球出发，到达月球所需的时间不到 1.5 秒，到达太阳也只需要 8 分钟多一点，到达遥远的矮行星冥王星大约需要 6 小时，"旅行者 1 号"发出的无线电信号（以光速行进）传回地球需要将近 20 小时，而光抵达离太阳系最近的恒星比邻星则需要 4 年多的时间。

然而在星系的世界里，1 光年只能算是微不足道的距离。仙女星系的光到达地球需要约 250 万年，要知道，光可是有着每年 9.5 万亿千米的惊人速度。其他星系与我们的距离更是达到了几千万、几亿，甚至几十亿、上百亿光年。当你阅读（或撰写）了大量有关光年的知识，你会渐渐习惯于这个距离单位，但是没有人能真正想象出它所代表的宏大尺度。

向空间深处的眺望意味着对时间的回溯，认识到这一点会对我们理解宇宙有所帮助：今天地球接收到的"旅行者 1 号"的无线电信号，是它昨天发出的；2018 年我们看到的比邻星，是它在 2014 年时的模样；清朗的秋夜里闯入你视网膜的仙女星系的光子，早在约 250 万年前人类祖先刚刚知道如何用石头磨制工具时，就踏上了它们前往地球的旅程；室女星系团距离地球约 6500 万光年，我们现在看到的这个星系团中的星系是它们在地球恐龙灭绝时期的样子，然而 6500 万年的光阴也还不到宇宙年龄的 5‰。宇宙学家在试图回顾最早期宇宙时，才发觉他们所面临的是怎样的挑战——他们要探索的星系是如此遥远，遥远到这些星系发出的光要经过几十亿甚至上百亿年才能到达地球。

可以说，宇宙的时间跨度与宇宙的空间跨度一样宏大到难以想象。我们的宇宙已经存在了将近 140 亿年。如果把它比作一套《宇宙全史》，这套史书由厚厚的十四卷组成，每卷有一千页的话，那么太阳和地球在第十卷的中部才出现，恐龙在第十四卷第 935 页才灭绝，智人在第十四卷的最后半页登场，人类有文字记载的历史则出现在全书最后半行……而宇宙学家们现在所从事的，是试图翻回这套史书的第一卷——第一代恒星和星系出现的时候。

在最良好的观测条件下，我们用肉眼刚好能看到仙女星系。天体的视亮度与其和地球距离的平方成反比：距离增加一倍的话，其视亮度会减少到原来的 1/4；如果距离增加两倍，其视亮度仅为原来的 1/9。如果仙女星系与地球的距离是 100 亿光年而不是约 250 万光年（远 4000 倍），那么它的视亮度将降低到现在的 1/16000000。所以，要想观察到宇宙中最遥远的星系，同时也回溯到最久远的时间之前，我们需要光敏感度极高的天文观测设备。

远古之光

NGC 1015 是位于鲸鱼座内的大型棒旋星系，红移测量确定出，它距离地球约 1.2 亿光年。我们现在接收到的该星系的光发自约 1.2 亿年前，那时的地球还处在白垩纪时期，恐龙是当时地球上的霸主。

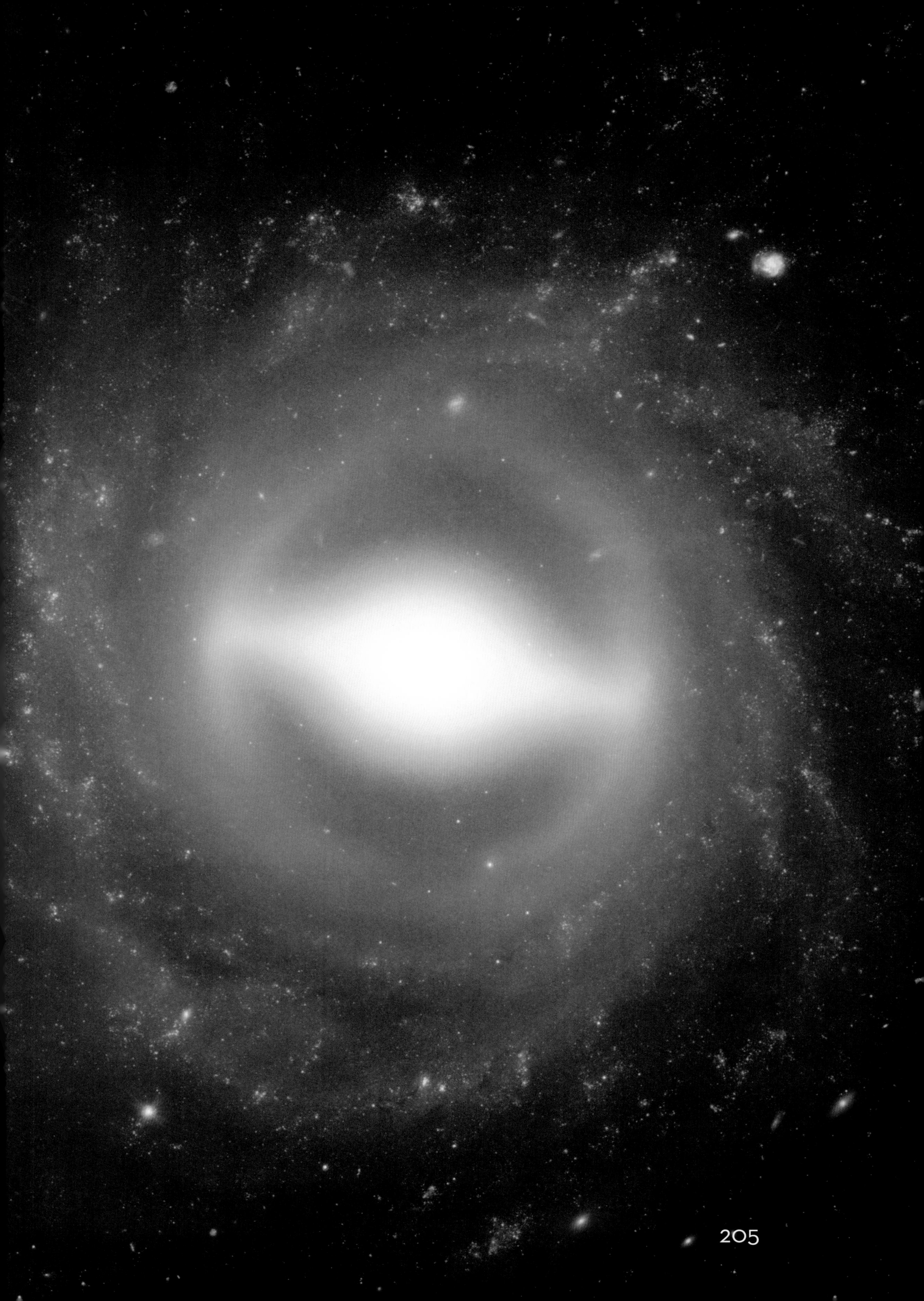

| "婴儿"星系

这是由阿塔卡马大型毫米波/亚毫米波阵列发现的一个尘埃密布的遥远星系——A2744_YD4。我们现在看到的是它在宇宙6亿岁时的模样。从照片中可以看出，这个刚诞生的星系尚无明显结构，星系内部有大量新生恒星正在形成。

前面我们说过，由于宇宙的膨胀，遥远星系传来的光波在抵达地球的过程中被拉长了，所以它们到达地球时的波长比出发时要长一些，整个光谱向红光方向偏移。红移量是星系距离的可靠度量标准，天文学家将星系的光分解成光谱色后，通过精确的光谱分析获得其红移量，就可以计算出星系的距离了。但是，如果星系发出的光非常微弱，光谱仪无法检测到信号，就不能使用这种方法来确定星系的距离了。

对于后一种情况，天文学家会采用所谓"漏失法"（drop out）。原理是：用不同的滤光片对一个遥远、暗弱的星系进行观察，然后在不同波段测量星系的亮度。星系发出的光中，波长小于 91.2 纳米的辐射（紫外线）会被星系内部和星系周围的中性氢吸收，只有波长大于 91.2 纳米的辐射才能到达地球且发生红移，所以我们只能看到波长较长的波（比如波长超过 600 纳米的橙光）。那么用红色滤光片观察这个星系时，它仍然清晰可见，但如果使用黄色、蓝色或紫外滤光片观察，它就可能不再可见。在哪个波段星系突然消失，我们就可以根据这个波段的波长来推导出其与地球距离的大概值。

有一个因素经常对观测结果产生影响，那就是星系尘埃。如果星系中存在大量尘埃，它们会吸收星光并因此升温，发出红外辐射，导致星系在红外波段亮度增强。

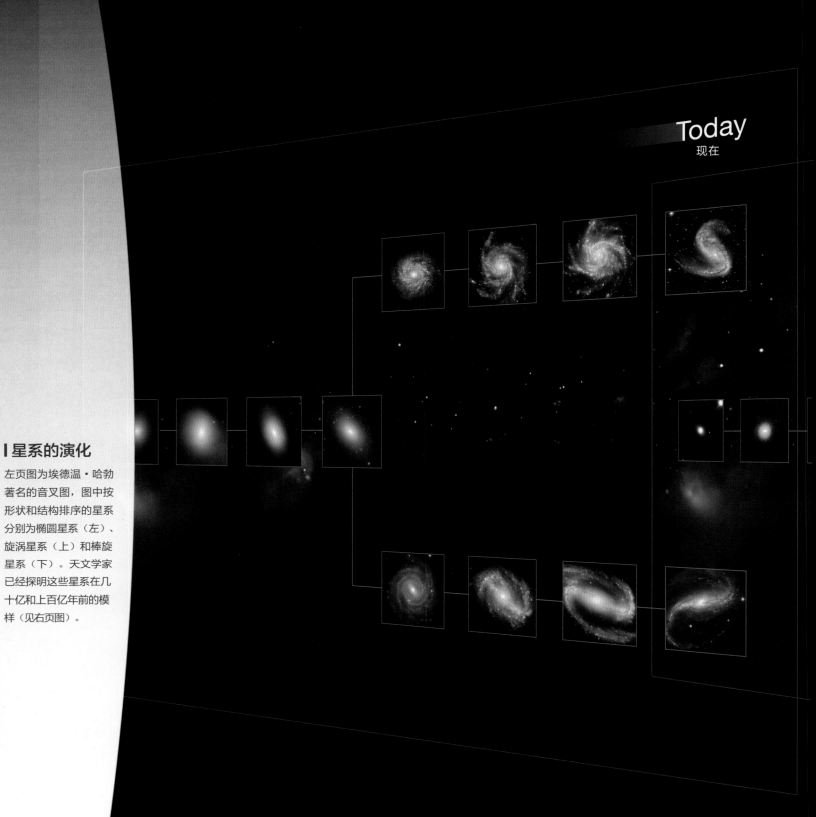

星系的演化

左页图为埃德温·哈勃著名的音叉图，图中按形状和结构排序的星系分别为椭圆星系（左）、旋涡星系（上）和棒旋星系（下）。天文学家已经探明这些星系在几十亿和上百亿年前的模样（见右页图）。

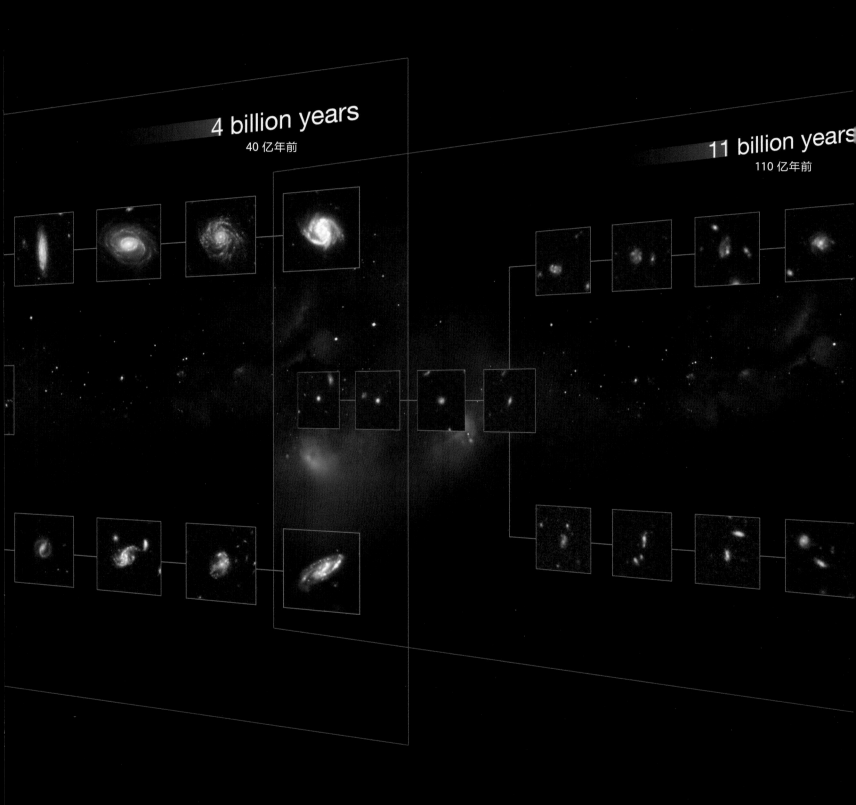

4 billion years
40 亿年前

11 billion years
110 亿年前

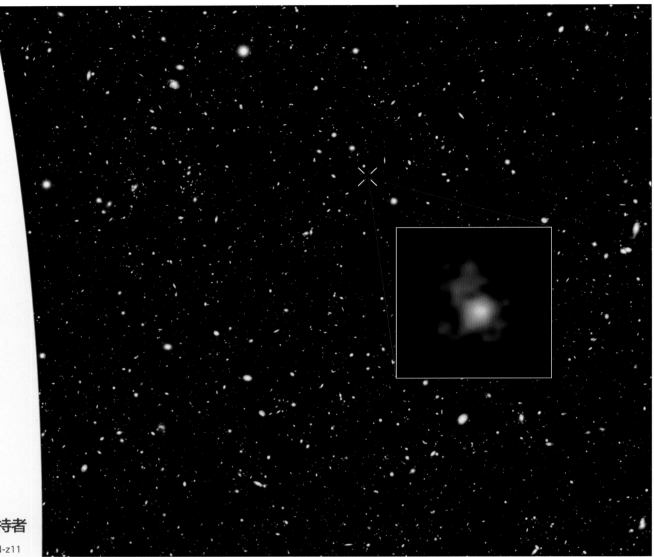

最远纪录保持者

截至2016年春，GN-z11
是人类已知最遥远的星
系，距离地球约134亿
光年。从哈勃空间望远
镜中勉强可以看到这个
由气体和恒星构成的不
规则小团块。在宇宙还
不到4亿岁时，这个原
星系的一部分光就出
发前往地球了。它呈
现出的红色调是其所
发出光大幅度红移的
结果。

如果一个星系距离地球太过遥远，它发出的光会产生极大幅度的红移，那么到达地球时，原本的红外辐射部分已经被拉长为毫米级别的微波辐射。普通天文望远镜无法观测到这类星系，于是天文学家使用具有大型抛物面天线的望远镜来观测它们。例如，位于智利北部的阿塔卡马大型毫米波／亚毫米波阵列就可以很好地捕获这种微波辐射。

遗憾的是，这类研究无法为我们奉上美丽的照片。这些太过遥远的星系看上去都是一些不起眼的、模糊的小光斑，没有醒目的结构，它们大多小而不规则，有些直径不超过几百光年，质量不足银河系的1%。在许多方面，它们更像是如今星系内部的大型恒星形成区，就像大麦哲伦星系中的蜘蛛星云那样。这一切都可以归结于时间太过久远：宇宙的幼年期，恒星刚开始形成，宇宙"原始热汤"的某些区域刚开始结块，尚未并合成较大的星系。很多亿年前，我们的银河系同样诞生于这些无形无状的气团和星团中。

尽管近年来我们对第一代星系的研究取得了巨大进展，但仍有很多谜团尚未揭开。例如，天文学家在宇宙深处发现了类星体，它们是超级明亮的星系核。一个普遍认可的观点是，类星体因超大质量黑洞的存在而获得能量，但我们不清楚的是，如此巨大的黑洞为何能在宇宙初期迅速形成。另外，某些第一代星系中存在大量尘埃，其来源很难解释，因为在大爆炸后的最初一段时间里，宇宙中几乎只有氢和氦。

希望未来由新一代天文望远镜——詹姆斯·韦伯空间望远镜和欧洲极大望远镜执行的观测任务能为人类带来有关宇宙早期演化和星系形成的新启示。

古老的旋涡

天文学家通过阿塔卡马大型毫米波/亚毫米波阵列观测发现，一些星系在形成后不久就具有了美丽而有序的结构。这张示意图描绘的是一个刚刚形成的星系，它距离地球将近130亿光年，以和银河系同样的方式旋转着。

早期宇宙

"起初，神创造天地。"这是《圣经》开篇"创世纪"的第一句话，言简而意赅。千百年来，人们对此深信不疑。甚至到了18世纪，大多数天文学家仍然相信宇宙起源不属于科学问题，而属于宗教范畴。随着科学与宗教这两个世界渐行渐远，人们又简单地认为宇宙亘古不变，就连爱因斯坦也持这个观点。

然而在20世纪20年代末，天文学家发现宇宙在不断地膨胀，这一发现给静态宇宙论以致命打击。如果当下星系间的距离正在不断变大，那么很久以前星系间的距离就必定远远小于现在。1931年，比利时天文学家兼神父乔治·勒梅特（Georges Lemaitre）首次就宇宙起源提出了自己的科学解释：宇宙起源于一个密度和温度高到无法想象的"原始原子"或者"宇宙蛋"。勒梅特现在被公认为"宇宙大爆炸理论之父"。

▌再度电离

第一代恒星发出的大量紫外辐射使宇宙中低温、中性的氢气和氦气（红色）缓慢但必然地再度发生电离（蓝色）。关于宇宙演化过程中这个特殊的再电离时期，我们还知之甚少。

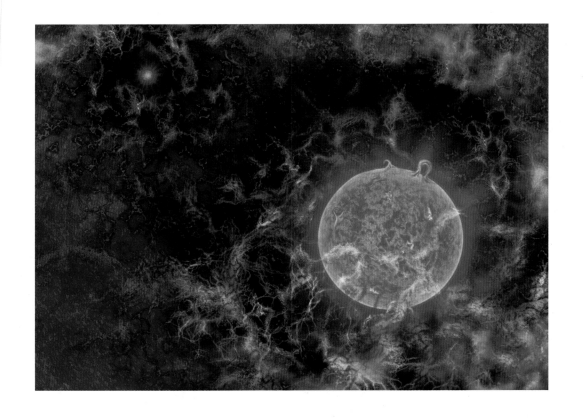

▌渐行渐远

随着宇宙的不断膨胀，银河系与星系NGC 3621正在以大约每秒500千米的速度相互远离。NGC 3621目前距离地球约2200万光年，几亿年后，它与我们之间的距离将达到2300万光年。这张照片由位于智利的欧洲南方天文台2.2米口径望远镜拍摄。

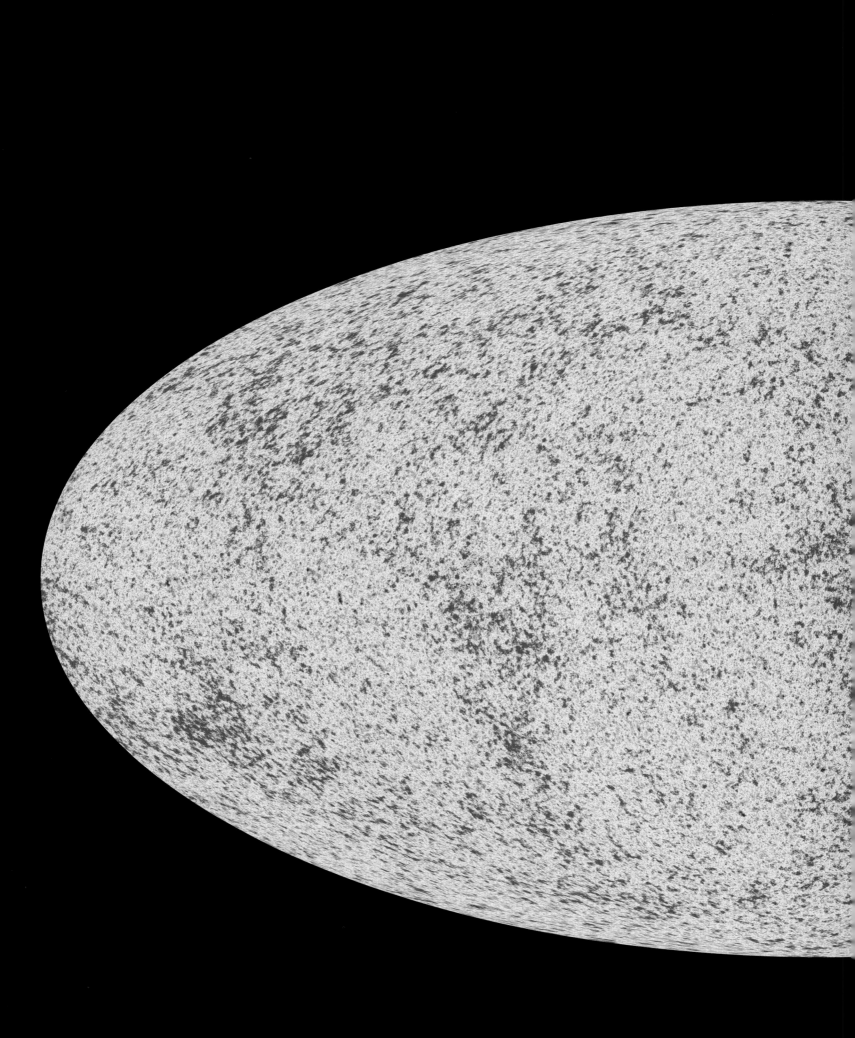

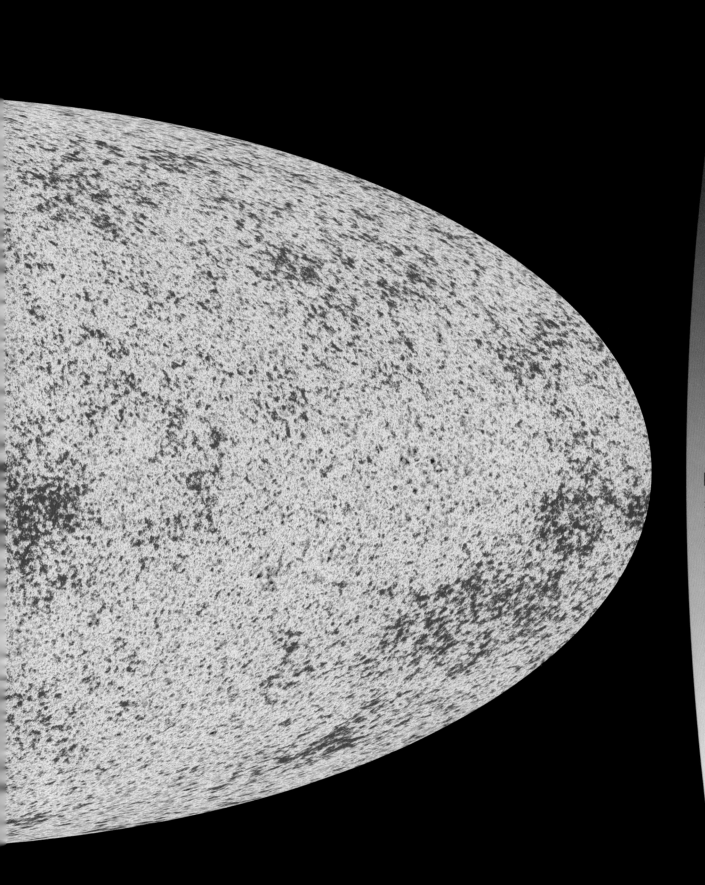

宇宙"婴儿照"

这是一张由欧洲普朗克望远镜（Planck Telescope）探测得到的宇宙全景图。图上斑点颜色的冷暖反映着宇宙微波背景辐射的不同温度。温度的差异反映了宇宙刚刚诞生后的微小密度波动。密度较高的区域是星系开始萌芽的地方。

▍成长之痛

由阿塔卡马大型毫米波/亚毫米波阵列观测到的这幅场景艺术地展现了宇宙初期两个星系发生碰撞时的暴力之美。在那时，星系间发生碰撞与并合的频率要比现在高得多，从而导致了像银河系这样的大型星系的形成。

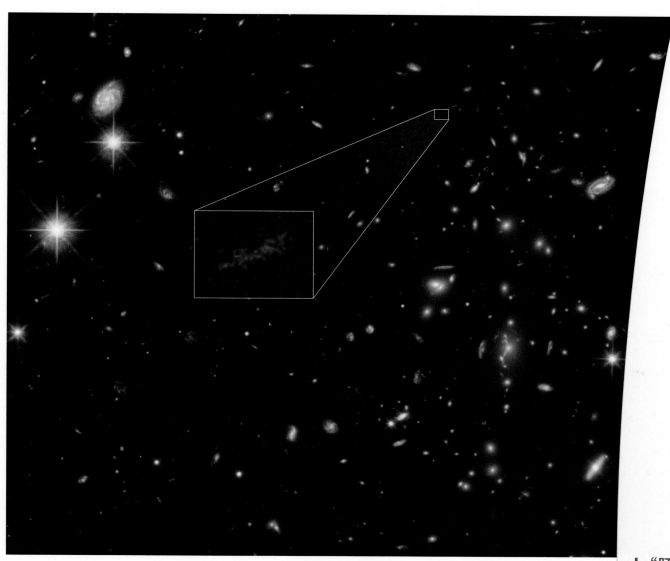

| "胚胎"星系

SPT0615-JD是人类能观测到的最遥远星系之一。由于巨大的前景星系团（图中右侧）的引力透镜效应，我们得以看到这个发生了强烈红移的原星系的像。它的直径只有约2500光年，质量只有银河系的1%。

　　人们有太多关于宇宙大爆炸的错误认知，比如大多数人都会将宇宙的诞生想象成一种发生在空旷空间内的爆炸。然而这个想法是错误的。大爆炸并非发生于空间里的某一点，而是同时发生于空间各处——宇宙形成时，整个空间都变成沸腾的能量海洋。因此，描述宇宙的诞生，用"空间的爆炸"比用"空间里的爆炸"更准确。另外，关于大爆炸的起点仍然存在许多谜团。大爆炸是否具有起因以及时间是否形成于大爆炸中这两个问题，科学家迄今仍然没有找到答案。

　　大爆炸刚发生后，沸腾的能量海洋中不断产生粒子－反粒子对，它们随即相互湮灭，并释放出 γ 射线——这些过程都服从爱因斯坦著名的质能方程 $E = mc^2$。但由于某种原因，少量物质残留下来，这些物质包括高能的光子和基本粒子（包括质子、中子、电子、中微子和神秘的暗物质粒子），它们构成了新生的宇宙。大爆炸发生后大约 3 分钟，氦原子核（由两个质子和两个中子构成）开始形成。大致来说，当时的宇宙总质量中，氢占 3/4，氦占 1/4。

　　带有正电荷的原子核和带有负电荷的电子共同构成了所谓"等离子体"（又叫"电浆"），也就是带电粒子的混合物。在等离子体中，光无法通行，所以等离子体宇宙对光是不透明的。直到 38 万年后，持续膨胀的宇宙渐渐冷却下来，原子核与电子结合在一起形成中性的原子。退耦[①]之后的"原始热汤"呈电中性，宇宙刚形成时残留下来的辐射基本能够畅通无阻地穿过这样的空间。

　　将近 140 亿年后，这种宇宙微波背景辐射仍然充满宇宙各处。当然，随着宇宙的持续膨胀，背景辐射的强度大大降低了，波长也大大增加了，强度峰值不再位于可见光波段，而是转移到波长 1 毫米左右的微波波段，它的温度也很低，只比绝对零度高 2.7 度（即 2.7K），所以天文学家直到 1965 年才发现这种背景辐射的存在。

---

① 指原子核和电子结合形成原子。——译者注

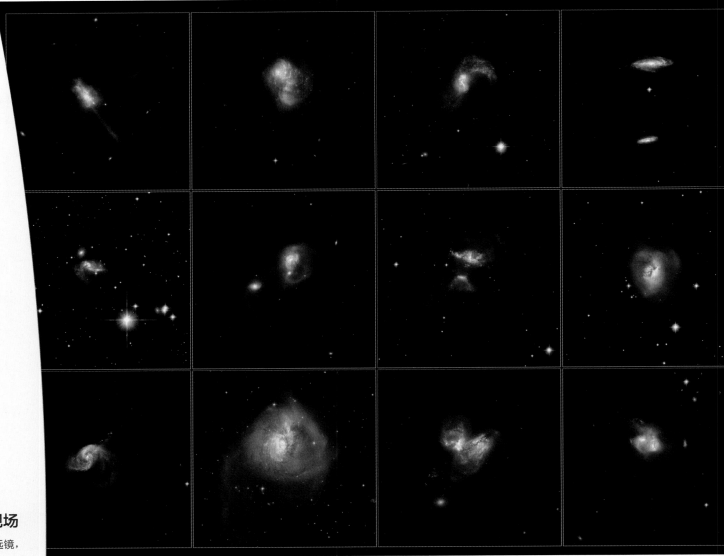

▌宇宙车祸现场

通过哈勃空间望远镜，天文学家已经发现了数十个壮观的"宇宙车祸现场"——星系们或者擦肩而过，或者相互碰撞。与现在相比，在宇宙早期，两个星系由于引力相互作用而"交锋"、变形的情况比现在频繁得多，因为那时宇宙的体积比现在小得多。

　　宇宙微波背景辐射的温度分布可以大概反映大爆炸后 38 万年时的宇宙特性，那是辐射刚刚能在宇宙空间中扩散开来的时间。如果当时所有物质在空间里的分布是均匀的话，那么宇宙各处背景辐射的温度应该完全相同。然而，那就不会有星系、恒星和行星的诞生了。事实上，宇宙微波背景辐射中存在着微小的温度差异，它是由早期宇宙中微小的密度波动引起的。在某些小小的局部区域内，物质的密度高于宇宙平均状态，这里就将成为未来星系的萌芽之地。

　　然后又过了 1 亿多年，第一代恒星和星系的光芒才开始闪耀。更确切地说，宇宙里重新有了光。刚形成时的宇宙，物质灼热发光，像太阳一样耀眼。但宇宙很快冷却下来，可见光无法传播，神秘的暗物质开始逐渐汇聚，形成纤维网结构。在引力的作用下，氢原子和氦原子流向物质密度最高的区域，这些过程都发生在黑暗中，这就是早期宇宙的黑暗时代。然后在某个时刻，在黑暗中的某个地方，一小团高密度的氢气和氦气在自身引力作用下强烈坍缩，开启核聚变反应，第一颗恒星绽放出光辉，刺破了无边的黑暗。不久之后，宇宙中其他地方也有"明灯"次第亮起。

　　形状不定的中性气体云（未来星系的原材料）瞬间就被其内部的新生恒星照亮了，恒星辐射出的能量使气体云的温度升高。并且，这些第一代恒星发出的高能紫外辐射使原星系内部和周围的物质再次电离——氢原子和氦原子失去它们的电子，中性气体变成稀薄而炽热的等离子体。

　　再电离的具体过程，属于宇宙学中尚未解决的问题之一。科学家们猜想，在当时中性气体的海洋中存在着一些等离子体泡，在几亿年时间里，这些泡逐渐膨大，相互融合。研究中性气体在空间和时间上的分布，一定可以解

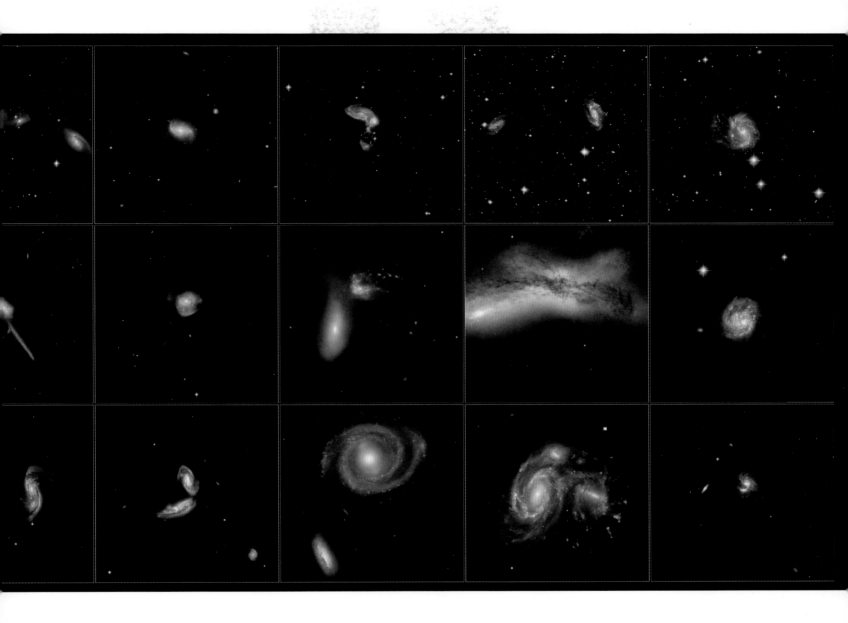

释再电离发生的确切时间和经过，以及二者之间的关系。

然而这并非易事，要回到如此久远的从前，天文学家必须对那些传播了 130 多亿年才抵达地球的信号进行分析。可是经过如此漫长的旅程，中性气体发出的本就不多的射电信号会大幅衰减，同时波长会被大幅拉大。这种来自宇宙深处的微弱低频射电波很容易就被银河系中或地球表面的干扰源所发出的同类电波所掩盖。

利用一种可以接收这类长波（低频）信号的特殊天线，天文学家近年来已经捕获到了被科学界广泛关注的再电离信号。与此同时，他们发现中性气体在再次电离前不久，在宇宙微波背景辐射的光谱中留下了印记。

根据这些观测结果，科学家们推测，再电离时期可能开始于大爆炸之后的 1.8 亿年左右，那应该是宇宙中第一代恒星开始闪耀的时期。观测结果还显示，那时中性气体的温度比我们预期的要低，这可能是它与暗物质发生特殊作用导致的。

未来将要建成的平方公里射电望远镜阵列（Square Kilometre Array，SKA）是有史以来规模最大的射电望远镜阵列，它的澳大利亚部分据说能够给出早期宇宙演化过程中有关这一时期的证明信息。宇宙学家希望能够彻底弄清星系的形成过程：那些我们用哈勃空间望远镜和阿塔卡马大型毫米波 / 亚毫米波阵列观测到的小而不规则的原星系，是如何在大爆炸后的几亿年中因微小的密度波动发展而成的？当我们知晓了星系如何形成，弄清了它们如何随时间演化成现在这样的纷繁多样，那么，问题就只剩下星系的未来会是怎样以及宇宙的命运将如何了。

暗能量

诞生于将近 140 亿年前的宇宙，起初是一锅由氢原子和氦原子构成的炽热的原始汤。由于宇宙的膨胀，这锅汤逐渐变稀变冷。在神秘的暗物质的引力作用下，气体聚集成结构松散的气体云团块，这就是星系的前体，而星系正是宇宙的基本组成单位。又用了几亿年时间，小小的原星系并合成较大的、结构明显的旋涡星系（比如银河系）或者巨大的椭圆星系（比如 M87）。星系内，聚合在一起的气体云中孕育了恒星和行星，而在这些行星中的至少一颗上面，有生命萌发。

这就是过去半个世纪以来宇宙学家对宇宙演化过程的简短概括。引力是其中最伟大的建造师：原星系的出现，星系的碰撞与并合，星系团和超星系团的形成，以及恒星和行星的诞生，这一切都源于这种微弱的自然力的有序安排和持久影响。正是引力使宇宙变得如此纷繁多样、结构丰富，我们可以从本书中充分领略宇宙的这两个特点。

宇宙的演化还在进行当中。在未来的亿万年里，星系仍将碰撞，行星仍将聚结，超新星仍将绚烂地爆发。然而，距最大的恒星诞生浪潮已经过去上百亿年了，在遥远的将来，宇宙的造星速度将越来越慢。这一点也不奇怪。虽然在生命的尽头，恒星会将自身物质的一部分吹送回太空，但另一部分将永远封存于它的遗骸——白矮星、中子星和黑洞内部。因此，随着时间的流逝，宇宙中可用于制造新生恒星的原材料越来越少。

▌"宇宙独行侠"

位于双鱼座的MCG+01-02-015星系距离地球将近3亿光年远。它是辽阔宇宙中一个孤独的天体，与其他星系相距甚远。由于宇宙的加速膨胀，在遥远的未来，所有星系都将成为这样的"宇宙独行侠"。

不复相见

这张照片中的恒星都是银河系的成员。除此以外，我们还能看到遥远的星系NGC 1964（距离地球约7000万光年）。在极遥远的将来，由于宇宙的加速膨胀，人类将再也看不到其他星系的存在。本张照片由位于智利拉西拉天文台的2.2米口径MPG/ESO望远镜拍摄。

▌星系的"浮木"

星系NGC 5291位于南天星座半人马座内，在其周围可以看到一个由气体和恒星构成的不规则结构，它可能是在几亿年前一次惨烈的星系大碰撞中被抛向太空的物质形成的。

在遥远的将来，星系之间的相遇机会会变得很小。大型星系团内部起初还会有碰撞发生，但最终，大多数星系都将被星系团中央的大型椭圆星系所吞并。从整体上看，宇宙膨胀导致星系间的距离持续扩大，宇宙变得越来越空旷，星系们四散分离，越来越多的"宇宙独行侠"孤独地浪迹在茫茫宇宙中。

在很长一段时间中，天文学家都认为，这种分离是暂时的，因为宇宙万物都受到引力的作用，虽然它极为微弱。从爱因斯坦广义相对论的场方程可知，引力会限制宇宙的无限膨胀。假设存在一个绝对真空的宇宙，理论上它可以以恒定的速度一直膨胀下去。然而宇宙在诞生后便迅速被物质填充，它的膨胀速度应该随着时间的推移而下降。在遥远的将来，当宇宙的平均密度超过某一临界值后，膨胀甚至可能变成收缩。

蝌蚪星系

天龙座内的UGC 10214是一个距银河系约4亿光年的星系。它有一条长长的由气体和恒星构成的尾巴，因而获得了"蝌蚪星系"的别称。这条尾巴是由一个过路小星系的潮汐力造成的。在遥远的未来，宇宙中这样的相遇将变得难得一见。

生命之火终将熄灭

这个旋涡星系位于武仙座内，距离地球约3亿光年。它的旋臂中密布着闪闪发亮的蓝色星团，说明其中有相当活跃的恒星形成活动。然而当未来气体耗尽时，这个星系中就再也不会有新的恒星诞生。照片右侧那颗亮星是银河系的成员。

224

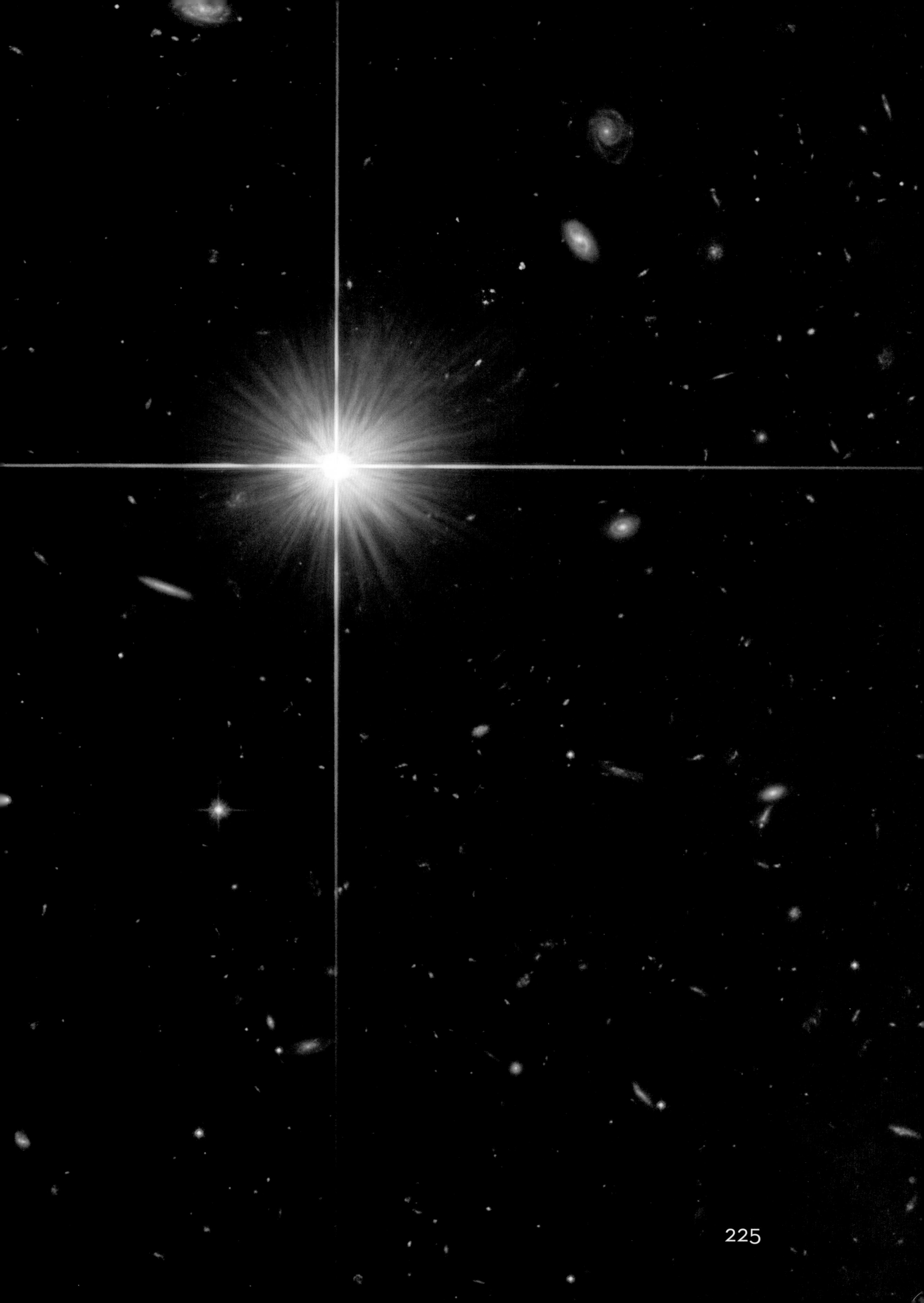

如果这个剧本真的上演，在更加遥远的未来，星系们将再度相互靠近，再度发生碰撞与并合，掀起又一轮恒星诞生潮。渐渐地，宇宙将收缩到恒星间也相撞的程度，整个宇宙变成一片沸腾的火海，最终所有物质坍缩成为一个巨大的黑洞。这其实是大爆炸过程的倒放。也许大收缩的终点就是宇宙新一轮生命周期的起点。

要想更好地预测宇宙的演化趋势，我们必须设法弄清宇宙的膨胀过程。如果事实证明，在过去的亿万年中，宇宙的膨胀速度已经大幅下降，那就表明宇宙在未来可能发生收缩。但是如果膨胀速度的降幅很小，那么宇宙显然没有足够的物质来抑制膨胀，大收缩就永远不会发生。

宇宙膨胀速度的测定非常复杂，直到20世纪末，天文学家们才获得了可信的结果，人类因此对宇宙演化有了全新的认识。与我们的预期相反，宇宙的膨胀速度并没有下降，反而一直在提高。几十亿年来，宇宙一直处于加速扩张状态，似乎引力的制动效应被空间中某种反引力抵消了。爱因斯坦早就预言过这种反引力的存在。

这种神秘的暗能量的本质迄今未明，它是否与本书前面提到过的同样神秘的暗物质有关也没人知道。事实上，在过去几十年中，宇宙变得让人更加难以理解。暗能量和暗物质占据着宇宙的绝大部分，而正常物质（恒星、行星和生命体）及正常能量仅占宇宙中总物质和总能量的4%。

对宇宙微波背景辐射的精确测量同样间接证明了暗物质和暗能量的大量存在。只有当宇宙中这些神秘的组成成分大白于天下后，我们才能彻底弄清宇宙的演化过程和它的大尺度结构。一个不争的事实是，只有将暗物质和暗能量的作用考虑在内，宇宙学家才能给恒星和星系的形成一个合理的解释。可是，到目前

为止，没有人知道这些神秘的组成成分到底是什么。

宇宙一直在加速膨胀，这一发现令我们对遥远的未来和星系的命运有了新的预测。那将是一个无比空洞、寒冷和黑暗的未来：星系分崩离析，恒星逐一熄灭，黑洞缓慢但必然地蒸发罄尽。在漫长的时间之后，宇宙在无边的冷寂中到达死亡的终点。

一些宇宙学家认为，在这样一个不断膨胀并走向死亡的宇宙中，可能会突如其来地发生一次新的大爆炸，这就是宇宙的轮回。还有一些宇宙学家认为，我们的宇宙并不是唯一，而是无限多个平行宇宙中的一个。这些天马行空的理论能否被证实，值得怀疑。在我们的宇宙之外的时空里发生着什么，这个问题甚至可能不适合科学研究，只能留待哲学家来回答。

眼下更吸引我们的问题是宇宙初期对我们的意义。从人类的角度来看，140亿年是一段漫长到无法想象的时光。从一定意义上说，大爆炸的余波至今尚未平息。如果不是早期恒星的核聚变反应产生了碳、氮、氧这些元素，就不会有地球和生命的出现。此外，我们的存在还要感谢银河系中超新星的不断爆发，以及恒星和行星的不断形成。可是在遥远的未来，这一切将不再上演。

我们居住在一颗如尘屑般渺小的行星上，这粒尘屑绕着一颗毫不起眼的小恒星运动在一个平凡的星系的远郊。智人，浩瀚海洋中的一滴水，广袤宇宙中的一只蜉蝣，正在试图通过一幅幅宇宙定格照片揭示宇宙的过去、现在和未来。会成功吗？没有人知道答案。但这不是人类裹足不前的理由。

"请仰望星空，"斯蒂芬·霍金（Stephen Hawking）说，"而不要低头看脚下。试着给你看到的东西赋予意义，思考是什么让宇宙得以生存。要保持一颗好奇心！"

伟大的遥望

一条斑斓而醒目的银河高悬在夜空中，这是我们从内部观察自己的家园星系时所看到的景象。天文学家之所以能超越自身的渺小，深入地探索宇宙的过去、现在和未来，主要归功于对河外星系的详尽研究。

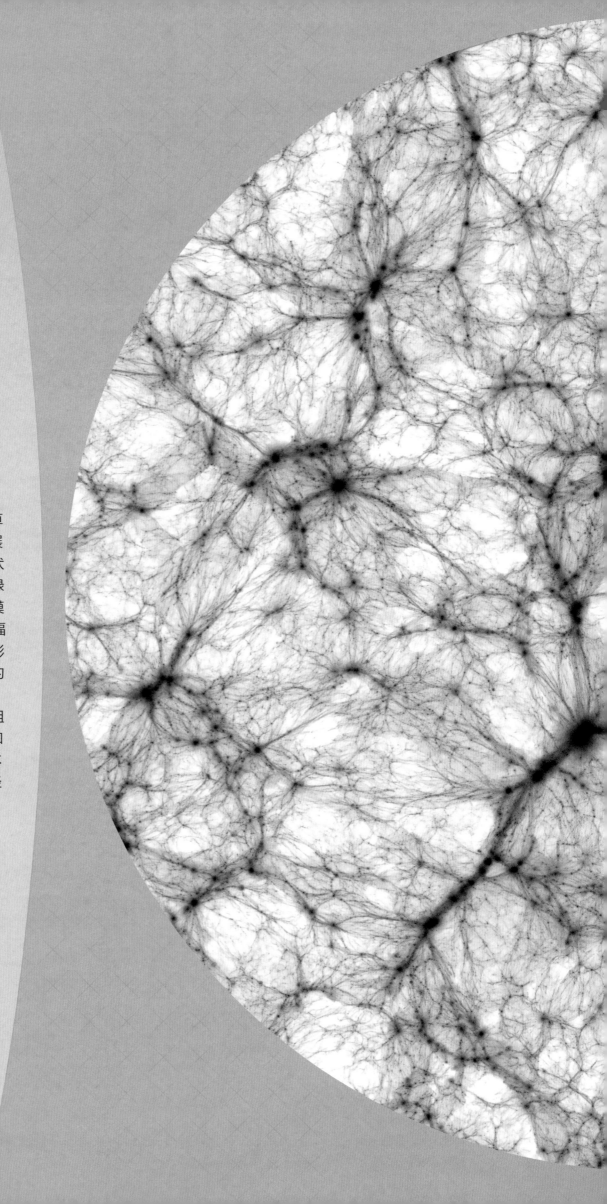

间奏曲

精确宇宙学

这张魔幻感十足的图片来自计算
机对宇宙演化过程的模拟。它展
现出暗物质如何聚集形成纤维状
的宇宙网，密度最大的区域（绿
色）是星系形成的地方。这个模
拟结果综合了宇宙微波背景辐
射、星系的空间分布以及宇宙膨
胀等各个因素，已经成为当下的
宇宙标准模型。根据这一模型，
正常物质和正常能量只占宇宙组
分的大约4%，其余都是暗物质和
暗能量。尽管这些神秘成分的本
质尚未弄清，但天文学家们已经
打开了精确宇宙学的大门。

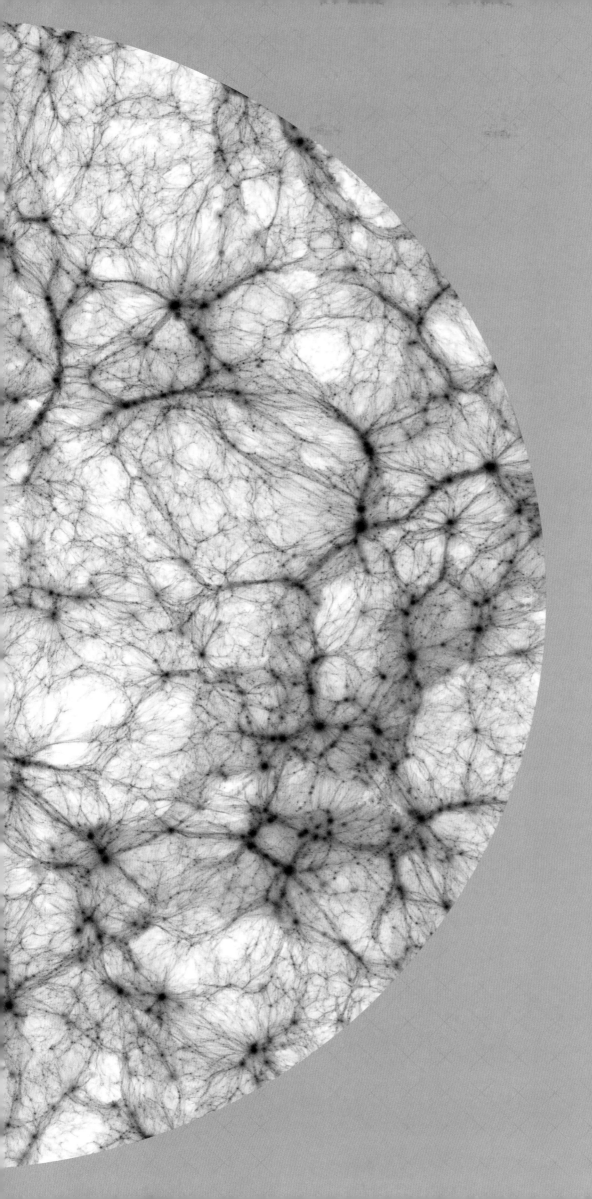

流光萦绕

恒星流萦绕在巨大的椭圆星系NGC 5018周围，形成薄薄的条带和外壳，这是由邻近星系的潮汐效应引起的。NGC 5018位于室女座内，距离地球约1.1亿光年。星系右上方的蓝色恒星是银河系内的前景恒星。本照片由欧洲甚大望远镜拍摄。

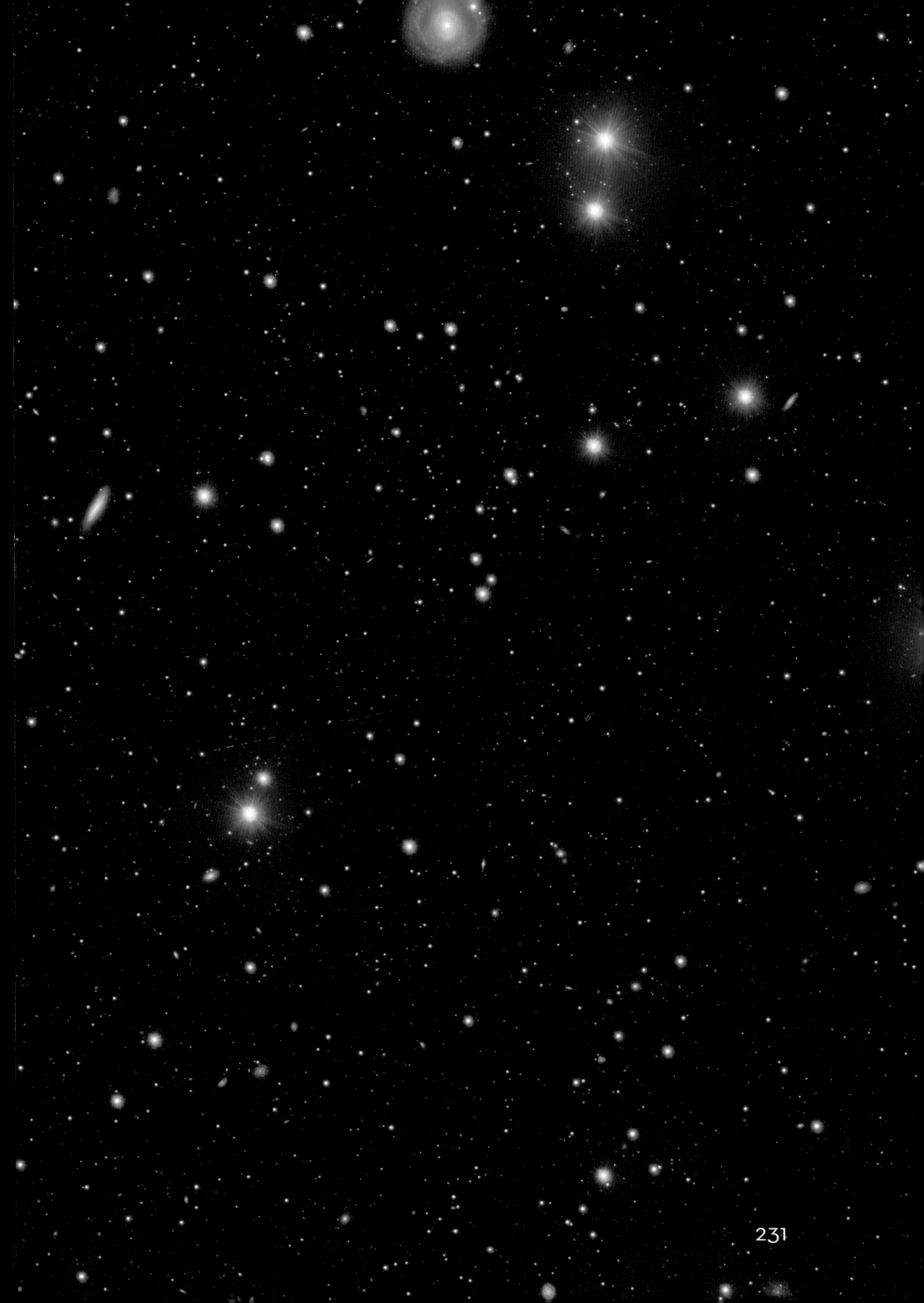

图片来源

所在页码	机构 / 天文学家
第 3 页	欧洲航天局 / 哈勃空间望远镜 & 美国国家航空航天局
第 7 页	美国国家航空航天局 / 欧洲航天局 /M. 穆奇勒（M. Mutchler，美国空间望远镜研究所）
第 9 页	美国国家航空航天局 / 欧洲航天局 / 美国空间望远镜研究所
第 10 ~ 11 页	欧洲南方天文台
第 12 ~ 13 页	欧洲南方天文台
第 14 ~ 15 页	欧洲南方天文台
第 16 ~ 17 页	欧洲南方天文台 /Y. 贝莱茨基（Y. Beletsky）
第 19 页	罗赫略·贝尔纳尔安·德烈奥（Rogelio Bernal Andreo）
第 20 ~ 21 页	美国国家航空航天局 / 欧洲航天局 /N. 史密斯（N. Smith，加利福尼亚大学伯克利分校）/ 哈勃传统团队（美国空间望远镜研究所 / 大学天文研究协会）
第 22 页	美国国家航空航天局 / 欧洲航天局 / 奥尔索拉·德马科（Orsola De Marco，麦考瑞大学）
第 23 页	美国国家航空航天局 / 欧洲航天局 / 哈勃传统团队
第 24 ~ 25 页	欧洲航天局 / 哈勃空间望远镜 / 美国国家航空航天局
第 26 页	欧洲航天局 / 哈勃空间望远镜 / 美国国家航空航天局 /D. 帕吉特（D. Padgett，戈达德太空飞行中心）/T. 梅格斯（T. Megeath，托莱多大学）/B. 赖普斯（B. Reipurth，夏威夷大学）
第 27 页	美国国家航空航天局 / 喷气推进实验室 - 加州理工学院
第 28 页	双子座天文台 / 大学天文研究协会 / 丽奈特·库克（Lynette Cook）
第 29 页	阿塔卡马大型毫米波 / 亚毫米波阵列（欧洲南方天文台 / 日本国立天文台 / 美国国家无线电天文台）
第 30 页	欧洲南方天文台 /N. 巴特曼（N. Bartmann）
第 32 页	美国国家航空航天局 / 欧洲航天局 / 哈勃传统团队（大学天文研究协会 / 美国空间望远镜研究所）
第 33 页	欧洲航天局 / 哈勃空间望远镜 / 美国国家航空航天局 / 吉勒·沙普德莱纳（Gilles Chapdelaine）
第 34 页	美国国家航空航天局 / 喷气推进实验室 - 加州理工学院 / 萨里太空中心 / 朱迪·施密特（Judy Schmidt，www.Geckzilla.com）
第 35 页	T. A. 雷克托（T. A. Rector）/ 阿拉斯加大学安克雷奇分校 /H. 施韦克（H. Schweiker）/ 美国国家光学天文台 / 大学天文研究协会 / 美国国家科学基金会
第 36 ~ 37 页	美国国家航空航天局 / 欧洲航天局 /G. 达布纳（G. Dubner，布宜诺斯艾利斯大学）等 /A. 洛尔（A. Loll）等 /T. 特曼（T. Temim）等 /F. 苏厄德（F. Seward）等 / 美国国家无线电天文台 / 美国联合大学公司 / 美国国家科学基金会 / 钱德拉 X 射线中心 / 萨里太空中心 / 喷气推进实验室 - 加州理工学院 /XMM- 牛顿卫星 / 美国空间望远镜研究所
第 38 页	美国国家科学基金会 / 激光干涉引力波天文台 / 索诺马州立大学 /A. 西莫内（A. Simonnet）
第 39 页	美国国家航空航天局 / 戈达德太空飞行中心 /S. 维辛（S. Wiessinger）
第 40 ~ 41 页	欧洲南方天文台 /L. 卡尔萨达（L. Calçada）/M. 科恩梅塞尔（M. Kornmesser）
第 43 页	美国国家航空航天局 / 喷气推进实验室 - 加州理工学院
第 44 ~ 45 页	欧洲南方天文台 /S. 吉萨德（S. Guisard，www.ESO.org/~sguisard）
第 46 页	美国国家航空航天局 / 喷气推进实验室 - 加州理工学院 / 欧洲航天局 / 钱德拉 X 射线中心 / 美国空间望远镜研究所
第 47 页	欧洲南方天文台 /S. 吉勒森（S. Gillessen）等
第 48 页	欧洲南方天文台
第 49 页	美国国家航空航天局 / 戈达德太空飞行中心
第 50 ~ 51 页	欧洲航天局 /ATG 媒体实验室 / 欧洲南方天文台 /S. 布吕尼耶（S. Brunier）
第 52 ~ 53 页	欧洲航天局 / 哈勃空间望远镜 / 美国国家航空航天局

所在页码	机构 / 天文学家
第 54 页	V. 别洛库罗夫（V. Belokurov）/D. 埃卡尔（D. Erkal，剑桥大学）/M. 帕特曼（M. Putman，哥伦比亚大学）/ 阿克塞尔·梅林杰（Axel Mellinger）
第 55 页	阿塔卡马大型毫米波 / 亚毫米波阵列 / 欧洲南方天文台 / 日本国立天文台 / 美国国家无线电天文台 /B. 塔弗赖斯（B. Tafreshi）（www.twanight.org）
第 56 页	日代里奇·埃克·巴登（Zderi ek Bardon）/ 欧洲南方天文台
第 57 页	欧洲南方天文台 /R. 福斯伯里（R. Fosbury）
第 58 ~ 59 页	美国国家航空航天局 / 欧洲航天局 /P. 克劳瑟（P. Crowther，谢菲尔德大学）
第 60 页	美国国家航空航天局 / 欧洲航天局 /A. 诺塔（A. Nota，美国空间望远镜研究所 / 欧洲航天局）欧
第 61 页	洲南方天文台
第 62 页	美国国家航空航天局 / 喷气推进实验室 - 加州理工学院 /P. 巴姆比（P. Barmby，哈佛 - 史密森天体物理中心）
第 63 页	日本国立天文台 /HSC 团队 / 科维理宇宙物理与数学研究所 / 美国空间望远镜研究所 / 本星系群巡天项目 / 美国国家光学天文台 / 数字化巡天项目 / 罗伯特·亨德勒（Robert Gendler）
第 64 ~ 65 页	美国国家航空航天局 / 欧洲航天局 /J. 德尔坎顿（J. Dalcanton），B. F. 威廉姆斯（B. F. Williams），L. C. 约翰逊（L. C. Johnson，美国华盛顿大学）/PHAT 团队 /R. 亨德勒（R. Gendler）
第 66 页	美国国家航空航天局 / 欧洲航天局 / 托马斯·M. 布朗（Thomas M. Brown），查尔斯·W. 鲍尔斯（Charles W. Bowers），兰迪·A. 金布尔（Randy A. Kimble），艾伦·V. 斯维加特（Allen V. Sweigart，戈达德太空飞行中心）/ 亨利·C. 弗格森（Henry C. Ferguson，美国空间望远镜研究所）
第 67 页	美国国家航空航天局 / 喷气推进实验室 - 加州理工学院
第 68 页	约翰尼斯·谢德勒（Johannes Schedler，黑豹私人天文台）
第 69 页	美国国家航空航天局 / 欧洲航天局 /Z. 莱沃伊（Z. Levay），R. 范德马雷尔（R. van der Marel，美国空间望远镜研究所）/T. 哈拉斯（T. Hallas）/A. 梅林杰（A. Mellinger）
第 70 页	美国国家航空航天局 / 欧洲航天局 / 哈勃传统团队（大学天文研究协会 / 美国空间望远镜研究所）
第 71 页	T. A. 雷克托（T. A. Rector，美国国家无线电天文台 / 美国联合大学公司 / 美国国家科学基金会 / 美国国家光学天文台 / 大学天文研究协会）/M. 汉纳（M. Hanna，美国国家光学天文台 / 大学天文研究协会 / 美国国家科学基金会）
第 72 ~ 73 页	欧洲南方天文台
第 75 页	（上图）欧洲航天局 / 哈勃空间望远镜 / 美国国家航空航天局；（下图）美国国家航空航天局 / 喷气推进实验室 - 加州理工学院 / 加利福尼亚大学洛杉矶分校
第 76 ~ 77 页	美国国家航空航天局 / 喷气推进实验室 - 加州理工学院
第 79 页	欧洲南方天文台 / 数字化巡天项目二期
第 80 ~ 81 页	美国国家航空航天局 / 喷气推进实验室 - 加州理工学院 / 加利福尼亚大学洛杉矶分校
第 82 页	美国国家航空航天局 / 喷气推进实验室 - 加州理工学院 /R. 赫特（R. Hurt，萨里太空中心 / 加州理工学院）
第 83 页	美国国家航空航天局 / 欧洲航天局 /A. 萨拉杰迪尼（A. Sarajedini，佛罗里达大学）/ 吉勒斯·查普德莱恩（Gilles Chapdelaine）
第 84 页	欧洲南方天文台 / 意大利国家天体物理研究所 -VLT 巡天望远镜 /OmegaCAM 相机 /A. 格拉多（A. Grado）/L. 利马托拉（L. Limatola）/ 意大利国家天体物理研究所 - 卡波迪蒙特天文台
第 85 页	Virgo 合作团队
第 86 ~ 87 页	美国国家航空航天局 / 欧洲航天局 / 哈勃传统团队（美国空间望远镜研究所 / 大学天文研究协会）
第 88 ~ 89 页	欧洲南方天文台
第 91 页	欧洲航天局 / 哈勃空间望远镜 / 美国国家航空航天局 / 朱迪·施密特（Judy Schmidt，www.Geckzilla.com）

所在页码	机构 / 天文学家
第 92 页	美国国家航空航天局 / 欧洲航天局 /A. 里斯（A. Riess，美国空间望远镜研究所 / 约翰斯 · 霍普金斯大学）/L. 马克里（L. Macri，得克萨斯农工大学）/ 哈勃传统团队（美国空间望远镜研究所 / 大学天文研究协会）
第 93 页	美国国家航空航天局 / 欧洲航天局 / 哈勃传统团队（美国空间望远镜研究所 / 大学天文研究协会）/ 达维德 · 德马丁（Davide De Martin）/ 罗伯特 · 亨德勒（Robert Gendler）欧
第 94 ~ 95 页	洲航天局 / 美国国家航空航天局
第 96 页	美国国家航空航天局 / 欧洲航天局 / 哈勃传统团队（美国空间望远镜研究所 / 大学天文研究协会）/M. 克罗克特（M. Crockett），S. 卡维拉伊（S. Kaviraj，牛津大学）/R. 奥康奈尔（R. O'Connell，弗吉尼亚大学）/B. 惠特莫尔（B. Whitmore，美国空间望远镜研究所）/WFC3 科学监督委员会
第 97 页	欧洲航天局 / 哈勃空间望远镜 / 美国国家航空航天局
第 99 页	美国国家航空航天局 / 欧洲航天局 / 哈勃 SM4 ERO 团队
第 100 ~ 101 页	美国国家航空航天局 / 欧洲航天局 / 哈勃传统团队（美国空间望远镜研究所 / 大学天文研究协会）
第 102 页	欧洲航天局 / 哈勃空间望远镜 / 美国国家航空航天局 / 朱迪 · 施密特（Judy Schmidt，www.Geckzilla.com）
第 103 页	欧洲南方天文台 / 丹麦天体物理学设备中心 /R. 亨德勒（R. Gendler）/J. E. 奥瓦尔德森（J. E. Ovaldsen）/C. 特内（C. Thöne）/C. 费龙（C. Feron）
第 104 页	美国国家航空航天局 / 欧洲航天局
第 105 页	欧洲南方天文台
第 106 页	美国国家航空航天局 / 欧洲航天局 / 哈勃传统团队（美国空间望远镜研究所 / 大学天文研究协会）
第 107 页	美国国家航空航天局 / 欧洲航天局
第 108 页	美国国家航空航天局 / 欧洲航天局 / 安迪 · 费边（Andy Fabian，剑桥大学）
第 110 ~ 111 页	美国国家航空航天局 / 欧洲航天局 / 哈勃传统团队（美国空间望远镜研究所 / 大学天文研究协会）
第 112 页	美国国家航空航天局 / 欧洲航天局
第 113 页	欧洲航天局 / 哈勃空间望远镜 / 美国国家航空航天局
第 115 页	欧洲南方天文台
第 116 页	欧洲航天局 / 哈勃空间望远镜 / 美国国家航空航天局 /LEGUS 团队 /R. 亨德勒（R. Gendler）
第 117 页	美国国家无线电天文台 / 美国联合大学公司 / 埃尔温 • 德布洛克（Erwin de Blok，荷兰射电天文学研究所）/ 近中性氢星系探测（THINGS）项目
第 118 ~ 119 页	美国国家航空航天局 / 欧洲航天局 / 哈勃传统团队（美国空间望远镜研究所 / 大学天文研究协会）/A. 泽萨斯（A. Zezas），J. 赫克拉（J. Huchra，哈佛 - 史密森天体物理中心）
第 120 ~ 121 页	美国国家航空航天局 / 欧洲航天局 / 哈勃传统团队（美国空间望远镜研究所 / 大学天文研究协会）/ 威廉 · 布莱尔（William Blair，约翰斯 · 霍普金斯大学）
第 122 ~ 123 页	欧洲南方天文台 / 阿涅洛 · 格拉多（Aniello Grado）/ 卢卡 · 利马托拉（Luca
第 124 ~ 125 页	Limatola）美国国家航空航天局 / 欧洲航天局 / 哈勃传统团队（美国空间望远镜研究所 / 大学天文研究协会）/R. 亨德勒（R. Gendler）/J. 加巴内斯（J. GaBany）
第 126 页	美国国家航空航天局 / 欧洲航天局 / 哈勃传统团队（美国空间望远镜研究所 / 大学天文研究协会）
第 127 页	美国国家航空航天局 / 欧洲航天局 / 哈勃传统团队（美国空间望远镜研究所 / 大学天文研究协会）

所在页码	机构 / 天文学家
第 128 ~ 129 页	美国国家航空航天局 / 欧洲航天局 /S. 贝克威思（S. Beckwith，美国空间望远镜研究所）/ 哈勃传统团队（美国空间望远镜研究所 / 大学天文研究协会）
第 130 页	美国国家航空航天局 / 欧洲航天局 / 哈勃传统团队（美国空间望远镜研究所 / 大学天文研究协会）/W. 基尔（W. Keel，阿拉巴马大学）
第 131 页	美国国家航空航天局 / 欧洲航天局 / 哈勃 SM4 ERO 团队
第 132 页	欧洲南方天文台
第 134 页	罗伯特·亨德勒（Robert Gendler）
第 135 页	欧洲航天局 / 哈勃空间望远镜 / 美国国家航空航天局
第 136 页	欧洲航天局 / 哈勃空间望远镜 / 美国国家航空航天局
第 137 页	美国国家航空航天局 / 欧洲航天局 /A. 埃文斯（A. Evans，纽约州立大学石溪分校 / 弗吉尼亚大学 / 美国国家无线电天文台）
第 138 ~ 139 页	美国国家航空航天局 / 欧洲航天局 / 钱德拉 X 射线中心 / 喷气推进实验室 - 加州理工学院
第 140 页	美国国家航空航天局 / 欧洲航天局 / 朱迪·施密特（Judy Schmidt，www.Geckzilla.com）
第 143 页	欧洲南方天文台
第 144 页	欧洲航天局 / 哈勃空间望远镜 / 美国国家航空航天局 / 埃德沙·斯特迪文特（Eedresha Sturdivant）
第 145 页	美国国家航空航天局 / 欧洲航天局 / 哈勃传统团队（美国空间望远镜研究所 / 大学天文研究协会）/P. 科特（P. Cote，加拿大赫茨伯格天体物理研究所）/E. 巴尔茨（E. Baltz，斯坦福大学）
第 146 ~ 147 页	美国国家航空航天局 / 欧洲航天局 /S. 鲍姆（S. Baum），C. 奥代亚（C. O' Dea，罗切斯特理工学院）/R. 珀利（R. Perley），W. 科顿（W. Cotton，美国国家无线电天文台 / 美国联合大学公司 / 美国国家科学基金会）/ 哈勃传统团队（美国空间望远镜研究所 / 大学天文研究协会）
第 148 页	欧洲航天局 / 哈勃空间望远镜 / 美国国家航空航天局
第 149 页	美国国家航空航天局 / 欧洲航天局 / 哈勃传统团队（美国空间望远镜研究所 / 大学天文研究协会）/R. 奥康奈尔（R. O' Connell，弗吉尼亚大学）/WFC3 科学监督委员会
第 151 页	美国国家航空航天局 / 欧洲航天局 /M. 科恩梅塞尔（M. Kornmesser）
第 152 ~ 153 页	美国国家航空航天局 / 欧洲航天局 /M. 比斯利（M. Beasley ,加那利群岛天体物理学研究所）欧洲南方天文台 /L. 卡尔萨达（L. Calçada）
第 154 页	
第 155 页	美国国家航空航天局 / 钱德拉 X 射线中心 / 威斯康星大学 /Y• 白（Y. Bai）等
第 156 页	欧洲南方天文台 /M. 科恩梅塞尔（M. Kornmesser）
第 157 页	欧洲南方天文台 /UKIRT 红外深空巡天项目 / 斯隆数字巡天项目
第 158 ~ 159 页	欧洲南方天文台 /L. 卡尔萨达（L. Calçada）
第 160 ~ 161 页	欧洲南方天文台 /A. 格拉多（A. Grado）/L• 利马托拉（L. Limatola）
第 163 页	罗赫略·贝尔纳尔安·德烈奥（Rogelio Bernal Andreo）
第 164 页	美国国家航空航天局 / 欧洲航天局 / 哈勃传统团队（美国空间望远镜研究所 / 大学天文研究协会）/K. 库克（K. Cook，劳伦斯利弗莫尔国家实验室）
第 165 页	美国国家航空航天局 / 欧洲航天局 / 数字化巡天项目二期 / 达维德·德马丁（Davide De Martin）
第 166 ~ 167 页	欧洲南方天文台 / 意大利国家天体物理研究所 -VLT 巡天望远镜 /OmegaCAM 相机 / Astro-WISE 系统 / 卡普坦天文研究所，荷兰格罗宁根大学
第 168 页	布伦特·塔利（Brent Tully）/ 丹尼尔·波马雷德（Daniel Pomarede）

所在页码	机构 / 天文学家
第 169 页	美国国家航空航天局 / 钱德拉 X 射线天文台 / 费边（Fabian）等 / 金德伦 - 马索拉斯（Gendron-Marsolais）等 / 美国国家无线电天文台 / 美国联合大学公司 / 美国国家科学基金会 / 美国国家航空航天局 / 斯隆数字巡天项目
第 171 页	美国国家航空航天局 /S. 哈巴尔（S. Habbal）/M. 德鲁克穆勒（M. Druckmüller）/P. 阿尼奥尔（P. Aniol）
第 172 页	欧洲航天局 / 哈勃空间望远镜 / 美国国家航空航天局
第 173 页	欧洲航天局 / 哈勃空间望远镜 / 美国国家航空航天局
第 174 页	欧洲航天局 / 让 - 保罗 · 克乃伯（Jean-Paul Kneib，法国南比利牛斯天文台）/ 加法夏望远镜
第 175 页	美国国家航空航天局 / 欧洲航天局 / 约翰 · 理查德（Johan Richard，加州理工学院）/ 达维德 · 德马丁（Davide de Martin）/ 詹姆斯 · 朗（James Long）
第 176 页	美国国家航空航天局 / 欧洲航天局 / 哈勃前沿团队（美国空间望远镜研究所）
第 177 页	美国国家航空航天局 / 欧洲航天局 / 哈勃前沿团队（美国空间望远镜研究所）
第 178 页	美国国家航空航天局 / 欧洲航天局 / 哈勃传统团队（美国空间望远镜研究所 / 大学天文研究协会）
第 179 页	欧洲航天局 / 哈勃空间望远镜 / 美国国家航空航天局 / 哈勃前沿团队 / 马蒂尔德 · 尤扎克（Mathilde Jauzac，杜伦大学 / 南非天体物理学与宇宙学研究联合中心）/ 让 - 保罗 · 克乃伯（Jean-Paul Kneib，瑞士洛桑联邦理工学院）
第 180 页	美国国家航空航天局 / 钱德拉 X 射线中心 /M. 马尔克维奇（M. Markevitch）等 / 美国国家航空航天局 / 美国空间望远镜研究所 / 麦哲伦望远镜 / 美国亚利桑那大学 /D. 克洛（D. Clowe）等 / 欧洲南方天文台
第 181 页	美国国家航空航天局 / 欧洲航天局 /R. 马西（R. Massey，加州理工学院）
第 182 ~ 183 页	美国国家航空航天局 / 欧洲航天局 /M. J. 吉（M. J. Jee），H · 福特（H. Ford，约翰斯 · 霍普金斯大学）
第 184 页	美国国家航空航天局 / 欧洲航天局 /P. 范多克姆（P. van Dokkum，耶鲁大学）
第 185 页	美国国家航空航天局 / 欧洲航天局 / 加法夏望远镜 / 钱德拉 X 射线天文台 /M. J. 吉（M. J. Jee，加利福尼亚大学戴维斯分校）/A. 马赫达维（A. Mahdavi，旧金山州立大学）
第 186 页	哈佛 - 史密森天体物理中心 /V. 德拉帕朗（V. de Lapparent）等
第 187 页	Eagle 合作团队 /Virgo 合作团队
第 188 页	安德鲁 · Z. 科尔文（Andrew Z. Colvin）
第 189 页	T. H. 贾勒特（T. H. Jarrett，萨里太空中心）
第 190 ~ 191 页	Illustris 合作团队
第 192 页	马修 · 科利斯（Matthew Colless）/2 度视场星系红移巡天 / 英澳望远镜
第 193 页	TNG 合作团队
第 194 ~ 195 页	欧洲航天局 / 哈勃空间望远镜 / 美国国家航空航天局 /D. 米利萨夫列维奇（D. Milisavljevic，普渡大学）
第 196 ~ 197 页	美国国家航空航天局 / 欧洲航天局 / 哈勃前沿团队（美国空间望远镜研究所）/ 朱迪 • 施密特（Judy Schmidt，www.Geckzilla.com）
第 198 页	美国空间望远镜研究所
第 199 页	R. 威廉姆斯（R. Williams，美国空间望远镜研究所）/ 哈勃深场团队 / 美国国家航空航天局 / 欧洲航天局
第 200 ~ 201 页	美国国家航空航天局 / 欧洲航天局 /S. 贝克威思（S. Beckwith，美国空间望远镜研究所）/ 哈勃超深场团队
第 202 页	美国国家航空航天局 / 欧洲航天局 /J. 洛茨（J. Lotz，美国空间望远镜研究所）

所在页码	机构 / 天文学家
第 203 页	欧洲航天局 / 哈勃空间望远镜 / 美国国家航空航天局
第 204 ~ 205 页	美国国家航空航天局 / 欧洲航天局 /R. 温德霍斯特（R. Windhorst），S. 科恩（S. Cohen），M. 梅奇特利（M. Mechtley），M. 鲁特科夫斯基（M. Rutkowski，亚利桑那州立大学）/R. 奥康奈尔（R. O'Connell，弗吉尼亚大学）/P. 麦卡锡（P. McCarthy，卡内基天文台）/N. 哈蒂（N. Hathi，加州大学河滨分校）/R. 瑞安（R. Ryan，加利福尼亚大学戴维斯分校）/H. 严（H. Yan，俄亥俄州立大学）/A. 库克穆尔（A. Koekemoer，美国空间望远镜研究所）
第 207 页	欧洲航天局 / 哈勃空间望远镜 / 美国国家航空航天局 /A. 里斯（A. Riess，空间望远镜研究所 / 约翰斯·霍普金斯大学）
第 208 页	欧洲南方天文台 /M. 科恩梅塞尔（M. Kornmesser）
第 209 页	美国国家航空航天局 / 欧洲航天局 & 哈勃传统团队（美国空间望远镜研究所 / 大学天文研究协会）
第 210 ~ 211 页	美国国家航空航天局 / 欧洲航天局 /M. 科恩梅塞尔(M. Kornmesser)/CANDELS 团队(H. 弗格森，H. Ferguson)
第 212 页	美国国家航空航天局 / 欧洲航天局 /P. 厄施（P. Oesch，耶鲁大学）
第 213 页	剑桥大学天文学研究所 / 阿曼达·史密斯（Amanda Smith）
第 214 页	N. R. 富勒（N. R. Fuller）/ 美国国家科学基金会
第 215 页	欧洲南方天文台 / 乔·德帕斯奎尔（Joe De-Pasquale）
第 216 ~ 217 页	欧洲航天局 / 普朗克协会
第 218 页	美国国家无线电天文台 / 美国联合大学公司 / 美国国家科学基金会
第 219 页	美国国家航空航天局 / 欧洲航天局 /B. 萨蒙（B. Salmon，美国空间望远镜研究所）
第 220 ~ 221 页	美国国家航空航天局 / 欧洲航天局 /A. 埃文斯（A. Evans，弗吉尼亚大学夏洛茨维尔分校 / 美国国家无线电天文台 / 纽约州立大学石溪分校）/ 哈勃传统团队（美国空间望远镜研究所 / 大学天文研究协会）
第 222 页	欧洲航天局 / 哈勃空间望远镜 / 美国国家航空航天局 /N. 戈林（N. Gorin，美国空间望远镜研究所）/ 朱迪·施密特（Judy Schmidt，www.Geckzilla.com）
第 223 页	欧洲南方天文台 / 让 - 克利斯朵夫·朗布里（Jean-Christophe Lambry）
第 224 页	欧洲南方天文台
第 225 页	美国国家航空航天局 / 霍兰·福特（Holland Ford，约翰斯·霍普金斯大学）/ACS 科学团队 / 欧洲航天局
第 226 ~ 227 页	欧洲航天局 / 哈勃空间望远镜 / 美国国家航空航天局 /N. 格罗金（N. Grogin，美国空间望远镜研究所）
第 228 页	欧洲南方天文台 /B. 塔弗赖斯（B. Tafreshi，www.twanight. org）
第 230 ~ 231 页	TNG 合作团队
第 232 ~ 233 页	欧洲南方天文台 / 玛丽莱娜·斯帕沃恩（Marilena Spavone）等
第 240 页	T. A. 雷克托（T. A. Rector，阿拉斯加大学安克雷奇分校）/H. 施韦克（H. Schweiker，WIYN 天文台 / 美国国家光学天文台 / 大学天文研究协会 / 美国国家科学基金会）

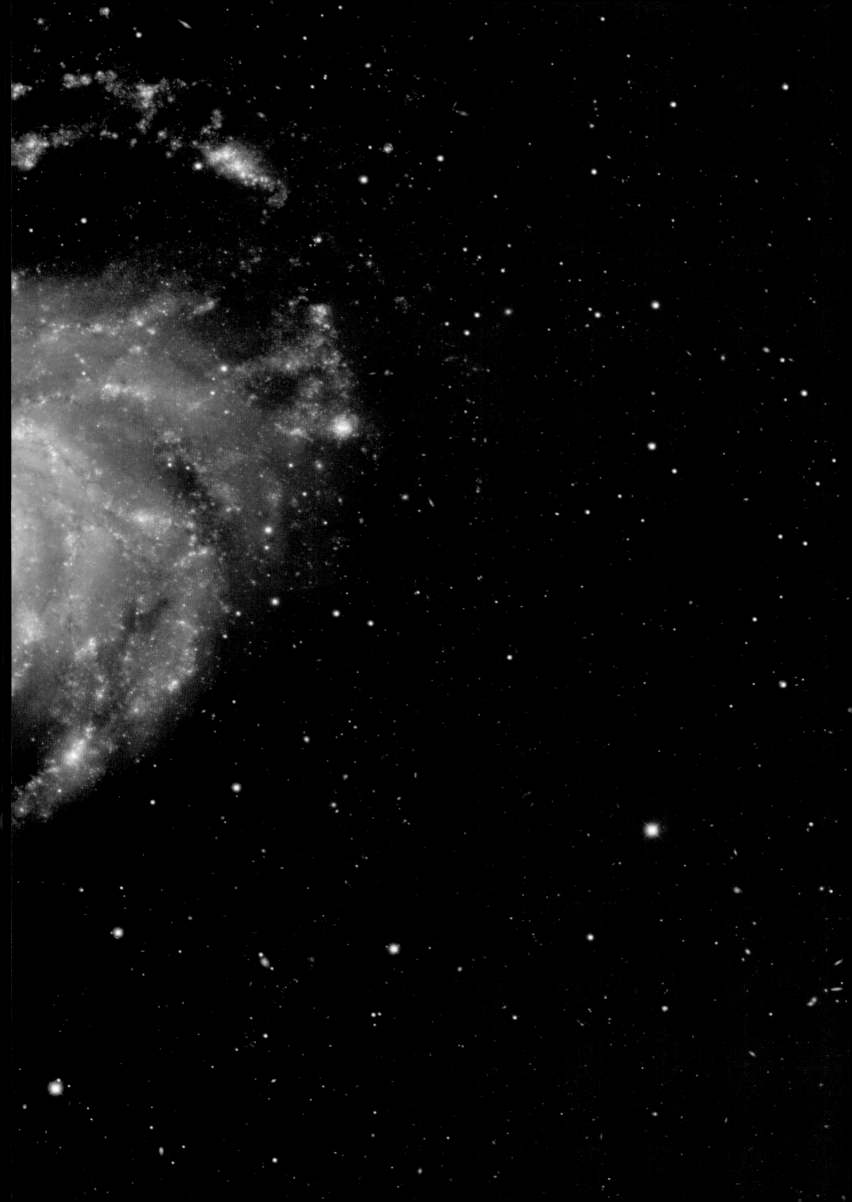

© Fontaine Uitgevers BV, The Netherlands

Original title: Schilling, Galaxies

Thrugh the mediation of Franckh–Kosmos Verlag–GmbH & Co. KG, Stuttgart, Germany

Simplified Chinese Translation Copyright © 2022 by Beijing Science and Technology Publishing Co., Ltd.

著作权合同登记号　图字：01-2021-7535

图书在版编目（CIP）数据

星系 /（荷）霍弗特·席林著；庄仲华译 . —— 北京：北京科学技术出版社，2022.9
ISBN 978-7-5714-2016-1

Ⅰ . ①星… Ⅱ . ①霍… ②庄… Ⅲ . ①星系—普及读物 Ⅳ . ① P15-49

中国版本图书馆 CIP 数据核字（2021）第 265170 号

策划编辑：	胡　诗
责任编辑：	郭瑞光
责任校对：	贾　荣
装帧设计：	鲁明静
图文制作：	沐雨轩文化传媒
责任印制：	李　茗
出 版 人：	曾庆宇
出版发行：	北京科学技术出版社
社　　址：	北京西直门南大街 16 号
邮政编码：	100035
电　　话：	0086-10-66135495（总编室）　0086-10-66113227（发行部）
网　　址：	www.bkydw.cn
印　　刷：	北京捷迅佳彩印刷有限公司
开　　本：	710 mm × 1000 mm　1/8
字　　数：	290 千字
印　　张：	30
版　　次：	2022 年 9 月第 1 版
印　　次：	2022 年 9 月第 1 次印刷

ISBN 978-7-5714-2016-1

定　　价：298.00 元